Rudolf Neumaier

DAS REH

Über ein
sagenhaftes Tier

Hanser

FÜR MONI

1. Auflage 2022

ISBN 978-3-446-27279-8
© 2022 Carl Hanser Verlag GmbH & Co. KG, München
Umschlag: Birgit Schweitzer, München
Motiv: A Doe with Fawn, Carl Schweninger
der Jüngere (1854–1903)
Satz: Greiner & Reichel, Köln
Druck und Bindung: CPI books GmbH, Leck
Printed in Germany

INHALT

1

WARUM ICH MIR ÜBER REHE SORGEN MACHE UND ÜBER SIE SCHREIBE

Rehe sind herrenlos. Genauso wie Füchse, Dachse, Marder und all die anderen Tiere in unseren Wäldern. Sie gehören weder dem Bauern, auf dessen Feldern sie ihre Kitze zur Welt bringen und schmackhafte Kräuterblumen aus den Wiesen zupfen, sofern überhaupt noch Blumen wachsen, weil sehr viele Bauern ihre Wiesen sechs Mal im Jahr mähen und sechs Mal mit Gülle zudecken – wie soll da überhaupt noch eine schmackhafte Knospe zum Sprießen kommen? Noch gehören die Rehe den Förstern, in deren Wälder sie sich zurückziehen, weil es draußen zu ungemütlich geworden ist wegen der Mähmaschinen und der Gülle – und wegen der Jäger. Rehe gehören auch nicht den Jägern, jedenfalls nicht, solange sie leben. Erst wenn ein Jäger ein Reh erlegt hat, darf er es sich aneignen. Als Geschöpfe, denen Paragraf 960 des Bürgerlichen Gesetzbuchs ihre Herrenlosigkeit garantiert, büßen Rehe ihre Freiheit erst mit dem Tod ein. Bis dahin gehören sie uns allen, sie sind vogelfrei. Wir alle haben ein Recht darauf, dass es Rehe gibt. Und dass wir sie zu sehen bekommen.

Rehe sind die ersten Wildtiere, an die ich mich erinnere. Es gab die Hühner meiner Großmutter, die Hauskatze und die Kühe, Pferde und Schweine der Landwirte in meinem kleinen Dorf und die Spatzen und Schwalben, die ich aber in den Hühner- und Kuhställen als Haustiere wahrnahm. Das Dorf heißt

Kulbing und liegt im nördlichsten Zipfel des Berchtesgadener Landes. Als ich in den Siebzigerjahren ein Kind war, wurden die Kühe noch alle auf die Weiden gelassen; ich half manchmal am Abend beim Eintreiben zum Melken. Katzen und Kühe, Hühner und Stallhasen waren okay und lieb und nett, aber nichts Besonderes. Bei Rehen war das anders.

Meine Großeltern hatten in dem vormals kleinen bäuerlichen Anwesen eine Sommerpension eingerichtet. Die Gäste aus Hamburg, Düsseldorf, Wanne-Eickel und München – ich nannte sie »Breißn« (Preußen), auch die Münchner – verbrachten hier ihre Sommerfrische, sie badeten im Abtsdorfer See, und am Abend feierten sie ihren Urlaub mit Bier und Schnaps der Marke Steinhäger. Einer dieser Gäste hatte ein Fernglas dabei. Ich glaube, er hieß Schulze, und bilde mir ein, dass er aus dem Ruhrgebiet kam. Mir klingen noch seine Äußerungen »Dat mussu dir mal ankucken, Rudi« und »Rehe ohne Ende« mit lang gedehnten eeees in den Ohren. Einmal sagte er auch: »Die Rehe stehen da vorm Wald wie der Russe in der Kampflinie.« Mit dem Wald meinte er den Kulbinger Filz, der hinter einer Anhöhe namens Bubenberg vor unserem Haus lag. Nach dem Abendessen, das meine Oma den Gästen kochte und ich oft auftrug, und vorm Steinhäger-Trinken ging Schulze in der Abenddämmerung mit seinem Fernglas Rehe gucken, das war für mich als Sechs-, Siebenjährigen ziemlich spät.

Ob Schulze oder ich meine Mutter überredete, dass ich mitkommen durfte zum »Rehekucken«, weiß ich nicht mehr. Jedenfalls erinnere ich mich gut, dass mein Großvater, Jahrgang 1903, und meine Großmutter, Jahrgang 1914, es ein wenig irritierte, als ich ihnen von Schulzes Beobachtungen berichtete. »Der Herr Schulze sagt, dass die Rehe vorm Filz stehen wie der Russe in der Kampflinie.« Mein Großvater reagierte interessiert, aber keineswegs erheitert. Er kannte »den Russen« aus dem Zweiten Weltkrieg; an der Ostfront hatte er eine Schussverletzung erlitten. Den Haken an Schulzes Vergleichen kapierte ich erst viel später.

Jedenfalls sah ich die Rehe eines Abends in einem Sommer der Siebzigerjahre vom Bubenberg aus; mit Herrn Schulzes Fernglas. Während ich staunte und zählte, flüsterte Schulze den anderen Begleitern etwas von einem »Battalliong« zu. Ich staunte über Schulze, ich hätte nie gedacht, dass dieser Mann so leise reden kann. Und ich staunte über die Rehe und das Wort Bataillon, das mir neu war. Was es bedeutete, ließ sich ja erschließen. Es waren mehr als zwei Dutzend Rehe. Eine Herde, kann man sagen.

Dieses Bild habe ich nie vergessen. Die Rehe fesselten mich.

Als ich später Werke des Malers Franz Marc sah, musste ich an meine Kindheit denken. An die Tiere vor dem Kulbinger Filz, dieses heilige Idyll, das mir Schulze, der Sommerfrischling, gezeigt hatte.

Wenn ich's recht bedenke, kam ich mit Franz Marcs Kunst ziemlich genau in den Jahren in Verbindung, in denen ich bei den Besuchen daheim in Kulbing regelmäßig mit meinen Eltern bei Heidi einkehrte, um Reh zu essen. Möglicherweise werden jetzt einige Leserinnen und Leser innehalten und sich fragen, was das soll. Da befasst sich einer jahrelang mit Rehen, er schwärmt von ihnen, er vergöttert sie. Und dann isst er sie auf! Es ist das klassische Dilemma von tierliebenden Fleischessern. Ich bin mit vergleichsweise vielen Vegetariern befreundet, denen ich erspare, ein Schnitzel Wiener Art zu bestellen, wenn ich mit ihnen im Restaurant bin. Besser gesagt, ich erspare es ihnen, weil sie sich empören müssten, und mir erspare ich ihre Blicke. Immerhin achte ich darauf, dass ich kein Billigschwein aus einer Schweinefabrik esse. Pute hat bei mir generell keine Chance; ich habe zu viele Putenhaltungsfilme im Fernsehen gesehen. Gegen

Reh haben die meisten Vegetarier allerdings nichts einzuwenden. Es hat sein Leben in absoluter Freiheit verbracht und im besten Fall nicht einmal seine eigene Tötung mitbekommen, weil die Büchsenkugel des Jägers schneller unterwegs ist als der Schall und ein gut getroffenes Reh sofort tot umfällt. Wenn ich bei Heidi ein Schweineschnitzel verzehren würde, wäre das Schweineschnitzelverzehren eine vergleichsweise abstrakte Angelegenheit, weil außer einem panierten oder von Soße bedeckten Stück Fleisch nichts vom Schwein zu sehen ist. Rehe sind präsenter. In vielen bayerischen Gaststätten hängen die Totenschädel von Rehböcken an der Wand. Bei Heidi auch.

Heidi ist Jägerin und Wirtin und Köchin, sie führt ein Gasthaus in Saaldorf nahe Salzburg, aber auf der deutschen Seite. Auf ihrer Speisekarte stehen mindestens sechs Rehgerichte. Rehschnitzel, Rehbraten, Rehmedaillons und und und. Ich nehme Rehragout, nichts anderes. Heidi hatte eine solche Freude an meinem Appetit, dass sie mir immer doppelten Nachschlag gab und einen zweiten Semmelknödel mit gefühlt 15 Zentimetern Durchmesser. Was soll's, sagte ich mir, Reh hält ganz bestimmt schlank, jedenfalls im Gegensatz zu einer Schweinshaxe. Beim Essen dachte ich nicht an Franz Marc und ausnahmsweise auch nicht an die Rehe vorm Kulbinger Filz, allenfalls kam mir mal das bayerische Volkstanzlied mit dem Titel »Rehragout« in den Sinn. Man kann schon ins Grübeln kommen. War das Rehragout dafür verantwortlich, dass das Lied so bekannt wurde in Bayern? Oder war es umgekehrt – dass dieses Gericht erst durch dieses eingängige Stück aus der traditionellen Volksmusik Popularität erlangte? Der Text ist denkbar schlicht und kurz: »Ja, was gibt's denn heut auf Nacht? Ja, was gibt's denn heut auf Nacht? Heut' gibt's a Rehragout, a Rehragout, a Rehragout.« Man tanzt im gemütlichen Polkaschritt dazu. Irgendein Spaßvogel dichtete dann eine zweite Strophe dazu, in der die Qualität dieser Speise in Zweifel gezogen und Schweinefleisch als besser oder edler dargestellt wird: »Ich wüsste noch was Feiners, von der toten Sau ein Schweiners.« Klar, über Geschmacksfragen soll man nicht streiten; ich vertrete allerdings die Meinung, dass der beste Schweinebraten nicht mit Rehragout mithalten kann, und schon gar nicht mit dem von Heidi.

Ein Reh zu töten kostet Überwindung. Ich war 47 Jahre alt, als ich die Jägerprüfung absolvierte. Tiere zu töten hatte mir nie Probleme bereitet. Ich war damit aufgewachsen, dass Tiere sterben müssen. Beim Nachbarn auf dem Bauernhof wurde einmal im Jahr die Sau gestochen; wir Kinder waren dabei, und die Nachbarin gab mir den Rüssel und die Ohren des Schweines in einer Schüssel mit nach Hause. Mein Großvater liebte diese knorpeligen Extremitäten, er kaute sie genüsslich mit seinen dritten Zähnen, dass es krachte. Mit sieben oder acht Jahren engagierte mich meine Großmutter zum Hühnerschlachten. Mit dem Hackebeil spaltete ich schon recht versiert Brennholz, da traute sie mir auch das Trennen eines Huhns von seinem Haupt zu. Ich mochte unsere Hühner, aber was sein musste, musste sein: Wenn sie alt waren und keine Eier mehr legten, gehörten sie weg. Oder sagen wir so: Sie waren dann reif für die Suppe. Sentimentalitäten wie ein Gnadenbrot bis zum Lebensende älterer Haustiere konnten oder wollten sich damals noch die wenigsten leisten. Der Nachbarin, die immer mit ihren Speiseresten zum Hühnerfüttern kam und dann immer auch gleich die neuesten Neuigkeiten aus dem Dorf und dem Rest der Welt mitbrachte, dieser Nachbarin schenkten wir immer eine der von mir geschlachteten Hennen als Suppenhuhn. Einem anderen Nachbarn konnte ich problemlos beim Stallhasenschlachten zuschauen, und wenn er mir selbst seinen Knüppel in die Hand gedrückt hätte, dann hätte ich wohl auch einen Stallhasen getötet. Wie man Hasen ausnimmt, hatte ich oft genug bei den

Treibjagden gesehen, die im Herbst in unserer Gegend stattfanden, als Hasen und Fasane noch keine Seltenheit waren. Wir Jungs radelten immer hinter dem Sammelwagen her, auf dem über Fichtenzweigen die erlegten Tiere hingen. Und außerdem tötete ich von klein auf Fische, die ich schwarz geangelt hatte. Bis sie an meinem Haken zappelten, waren die Fische auch herrenlos – und bis ich sie mir aneignete, indem ich sie in eine Socke steckte, die ich auszog, um darin die illegal erbeuteten Fische am Haus eines strengen Fischers vorbei nach Hause zu schmuggeln und meine laut Strafgesetzbuch als Fischwilderei zu verfolgende Straftat zu vertuschen. Wir aßen sie freitags. Meine katholischen Großeltern waren selbst noch mit strengen Fastenregeln aufgewachsen, und da gab's am Freitag Mehlspeise oder Fisch. Einmal wäre mein Großvater fast an einer Gräte erstickt, es war schrecklich. Ich weinte und betete. Man hofft als katholischer Schwarzangler mit acht Jahren, dass es doch bitte keine Strafe Gottes sei, wenn der Großvater nun ausgerechnet wegen der Gräte eines schwarz geangelten Fisches blau anläuft. Allein die Großmutter, die ihren ernsthaft um Luft ringenden Mann auf den Küchentisch legte, blieb völlig gelassen. Der Opa habe ja den Blasius-Segen, da werde schon nichts passieren. Der heilige Blasius ist für Halsprobleme zuständig. Seither gehe ich jedes Jahr am 3. Februar in die Kirche, um mir den Blasius-Segen zu holen.

Hühner, Hasen, Fische – das Töten gehörte zur Selbstversorgung. Es machte mir nie etwas aus. Bei Rehen war und ist es anders. Ich brauchte nach der Jägerprüfung neun Monate, bis ich es übers Herz brachte, das Leben eines Rehs zu beenden. Ich war sehr viel in der Natur beim Jagen, und es hätte viele Möglichkeiten zum Schießen gegeben. Ich ließ es lieber. Die Jägerprüfung hatte ich nicht gemacht, um irgendwann Rehe oder Wildschweine zu jagen. Vielmehr wollte ich all das lernen, was man wissen muss, um jagen zu dürfen – und vor allem um darüber schreiben zu können. Ich hatte da schon fast 30 Jahre als Journalist gearbeitet. In der Schulzeit hatte ich angefangen und mir in der Sportredaktion der *Mittelbayerischen Zeitung* in Regensburg mit Sportberichten ein hübsches Taschengeld verdient. Nach zehn Jahren – nach dem Studium – ging ich zur *Süddeutschen Zeitung,* und nach meiner Promotion im Fach Geschichte – weitere zehn Jahre später – wurde ich Leitender Redakteur im Feuilleton. Ich fühlte mich für eher abgelegene Themen zuständig. Und so hatte ich eines Tages die Idee, mehr Natur ins Feuilleton zu bringen. So kam ich zur Landwirtschaft, zu den Tieren, denen sie zusetzt, und letztlich zu den Rehen.

Die Jägerprüfung scheint ein Modetrend zu sein. Jahr für Jahr melden die Verbände neue Höchstzahlen; ein Viertel der Jagd-azubis sind inzwischen Frauen. Sie haben unterschiedlichste Motive ermittelt: Die einen wollen sich möglichst einmal selbst mit Wildbret versorgen können, die anderen sich als Natur- und Artenschützer betätigen. Dass wohl auch ein beträchtlicher Teil der Neujäger einfach nur scharf auf Waffen ist, blenden die Verbände eher aus. Ich habe solche Freaks kennengelernt. Ich selbst hatte gerade meine große Recherche zum Wald und zum Wild begonnen, und wahrscheinlich war ich auch so ein Natur-trendfuzzi, der sich als Motiv das Interesse an einem besseren Naturverständnis auf die Fahnen schrieb.

Die Prüfung besteht aus 6 Fächern mit gefühlt 15 Teilfä-chern. Waffen, Wildbiologie, Recht, Jagdliche Praxis, Hunde und Naturschutz-Landwirtschaft-Forstwesen. Ich hatte nach der Schule den Kriegsdienst aus Gewissensgründen verweigert. Man musste diese Entscheidung ausführlich und wasserdicht mit einer schriftlichen Stellungnahme belegen. Wer Zweifel aufkommen ließ, wurde vor ein Gremium von Gewissensprü-fern geladen und musste Fragen wie »Was machen Sie, wenn der Russe kommt und ein Soldat Ihre Schwester aus dem Haus zieht?« beantworten. Ich schrieb damals, durchaus aus Überzeugung, dass ich niemals im Leben etwas mit Waffen zu tun haben wolle. Ob ich mir 30 Jahre später schäbig vorgekommen bin, als ich zum ersten Mal in einem Schießstand auf Tontauben schoss? Nein, schäbig nicht. Auch nicht wie Joschka Fischer, der ehedem friedensbewegte Grüne, der dann als Außenminister deutsche Soldaten in Kampfeinsätze schickte. Aber seltsam war es dann doch, eine Waffe in die Hand zu nehmen. Dementsprechend viel hatte ich zu lernen, um die Schießprüfung zu bestehen. Bei den ersten Übungen fühlte ich mich wie früher in den Mathestunden, in denen ich gar nichts kapierte. Aber es war tausend Mal interessanter.

Die anderen Fächer waren reine Lernsache. Vögel, Schmetterlinge, Bäume und Gräser bestimmen, Tierkrankheiten erkennen, die Jagdverordnungen bis in die Details pauken, die vertrackten Regeln für die Gebrauchshundeprüfungen büffeln.

Wenn man allein die Prüfungsfragen über Rehe studiert, weiß man theoretisch schon jede Menge über diese Tiere.

WELCHE AUSSAGEN SIND RICHTIG?
a) Stein- und Sikawild zählen zu den Hornträgern
b) Gamswild ist Wiederkäuer, besitzt aber keine Gallenblase
c) Schwarzwild hat keinen Pansen
d) Rehwild hat keinen Netzmagen
e) Damwild ist ein Wiederkäuer

IN WELCHER ZEITLICHEN REIHENFOLGE BRUNFTEN DIE SCHALENWILDARTEN IM JAHRESLAUF?
a) Damwild – Rehwild – Rotwild – Gamswild
b) Rehwild – Rotwild – Damwild – Gamswild
c) Rotwild – Rehwild – Gamswild – Damwild

d) Gamswild – Damwild – Rotwild – Rehwild

e) Rehwild – Damwild – Rotwild – Gamswild

EINE EXAKTE BESTANDSERMITTLUNG VON REHWILD IST

a) durch Zählung nicht möglich

b) anhand der letzten Abschüsse möglich

c) aufgrund des Kitzabschusses möglich

d) nur im April möglich

WELCHE DER NACHGENANNTEN KULTURPFLANZEN EIGNEN SICH ZUR AUSSAAT AUF WILDÄCKERN FÜR DIE HERBST- UND WINTERÄSUNG DES REHWILDS?

a) Sommergerste

b) Rübsen

c) Raps

WODURCH WIRD BEIM REHBOCK PERÜCKENBILDUNG AUSGELÖST?

a) Laufverletzungen

b) Verletzung der Brunftkugeln

c) Borreliose

d) Vererbung

Perücke? Brunftkugeln? Allein die letzte Frage klingt für Menschen, die sich noch nie mit Rehen beschäftigt haben, geradezu geheimnisvoll. Im Jagdkurs habe ich gelernt, dass früher viel häufiger Rehböcke mit Perückenbildung anzutreffen waren. Das lag an den oft in der Weidetierhaltung eingesetzten Stacheldrähten. Die Böcke blieben mitunter an diesen Zäunen hängen und verletzten sich die Brunftkugeln am Kurzwildbret, was in die Umgangssprache übersetzt nichts anderes heißt als die Hoden am Geschlechtsteil. Diese Verletzung wiederum wirkte sich auf die Testosteronproduktion aus. Sie hörte nicht mehr auf. Das heißt: Das Rehgeweih, das Böcke normalerweise im Spätherbst werfen, fällt nicht mehr herunter, wenn die hormonelle Steuerung ausgefallen ist. Im Gegenteil: Das Gehörn wächst und wächst, es wuchert und wuchert. Wenn es für die Tiere äußerst übel läuft, wuchert das Gehörn sogar die Augen zu, und der Bock erblindet. Zum Glück gibt es kaum noch Stacheldrähte.

Von den 180 angebotenen Unterrichtsstunden war ich in 174 anwesend, statt der 60 vorgeschriebenen Praxisstunden absolvierte ich 155. Extrem spannend war das alles. So kam ich den Rehen immer näher.

In der praktischen Ausbildung hatte ich eine Reihe von Reherlebnissen, die ich ebenso wenig vergessen werde wie die Rehe vom Kulbinger Filz in der Kindheit. Eines Morgens im September kurz nach Sonnenaufgang zog eine Rehgeiß mit ihren beiden Kitzen unter meinen Jägerstand. Wäre ich hinuntergeplumpst, hätte ich sie erschlagen. Die Rehe aber legten sich ins Gras und ruhten sich aus. Ich war gefangen – denn wer will schon eine solche Ruhepause stören? Nach dreieinhalb Stunden, in meinem Jägerstand hatte es inzwischen gefühlt 35 Grad, bequemten sich die drei Rehe aufzustehen und weiterzuziehen.

So etwas passierte mir danach nie wieder. Ich kann nur jeder und jedem empfehlen, sich mal auf einen solchen Stand zu setzen und die Rehe zu beobachten. Es gibt kaum etwas Schöneres, Unterhaltsameres, Entspannenderes. Allerdings muss man dann auch im richtigen Moment absteigen können. Wenn die Rehe stundenlang dort bleiben, versetzt man ihnen den Schock ihres Lebens, wenn man plötzlich die Leiter hinunterrumpelt. Das will keiner. Im Lauf der Zeit habe ich Techniken entwickelt, wie ich die Rehe zum Weiterziehen bewegen kann, ohne sie zu verschrecken. Ich bleibe sitzen und belle erst mal. Wie ein Reh. Das Bellen des Rehs ist dem des Hundes nicht ganz unähnlich, mit ein bisschen Übung kann man es schnell nachmachen. Mit diesem Laut warnen sich Rehe gegenseitig. Oft ziehen sie weiter, wenn sie ein Bellen vernehmen. Dann kann man beruhigt absteigen. Wenn es mit dem Bellen nicht funktioniert, gebe ich schnalzende Laute von mir. Die Rehe denken sich »Ich weiß zwar nicht, was das ist, aber wahrscheinlich ist es besser, wenn ich mich zur Sicherheit mal aus dem Staub mache«. Man will ja vermeiden, dass das Reh auf die Idee kommt, ein Mensch sei in seiner Nähe. Sonst lässt es sich womöglich nicht mehr so gern blicken. Also zündet man erst die dritte Eskalationsstufe, wenn Bellen und Schnalzen ohne Effekt bleiben: reden. Einfach reden. Wie Spaziergänger. Keine Sorge, es ist völlig normal, dass man sich blöd dabei vorkommt, in einer Lichtung fern der Zivilisation Selbstgespräche zu führen oder laut von eins bis hundert zu zählen. Kleiner Tipp: Man kommt sich weniger blöd dabei vor, wenn man Gedichte aufsagt – oder zumindest die paar Brocken, die man noch im Kopf hat. So habe ich den Rehen schon Gedichte von Christian Morgenstern (»Ein Seufzer lief Schlittschuh ...«) und H. C. Artmann (»I bin a Ringlgschbübsizza«) zum Vortrag gebracht, oft mit dem Erfolg, dass sie sich trollten. Oft, aber nicht immer. Da fällt mir die Rehgeiß ein, die einen Veitstanz aufführte, als ich mein Programm von einem Jägersitz aus abspulte. Erst bellte ich – sie bellte zurück. Ich bellte noch mal – sie bellte zurück. Noch mal, und viel unheilvoller bellte ich – sie bellte zurück. Da sah ich hinter der Guten, dass sie ein wenige Tage altes Kitz führte. Ich bellte, sie bellte zurück – und plötzlich bellte hinter mir noch ein Reh.

Neumaier (forte): Bööäh!

Reh 1: Bööäh!

Reh 2: Bööäh!

Neumaier (fortissimo): Bööäh, äh, ä, ä!

Reh 1: Bööäh!

Reh 2: Böäh!

Neumaier (forte fortissimo): Böäh, äh, äh, ä, ä, ä, ä!

Reh 1: Böäh!

Reh 2: Böäh!

Ich hatte zwei Echos, eins vor mir, eins hinter mir. Es brachte nichts. Also schaltete ich auf die Schnalzgeräusche um. Dazu klappe ich im Mund die Zunge um und lasse sie nach vorn katapultieren. Das brachte die Rehgeiß erst in Wallung. Von einer solchen Reaktion hatte ich bis dahin weder gehört noch gelesen. Die Geiß sprang in die Höhe, und beim Aufkommen auf den Boden stampfte sie so heftig auf, dass mir mulmig zumute wurde. Sie merkte: Da ist etwas faul, und womöglich hat es jemand oder etwas auf das Kitz abgesehen. Statt zu flüchten, wählte das Reh die Drohgebärde: »Komm her, du präpotentes Etwas, und ich mach Hackfleisch aus dir mit meinen Hufen!« Ich war ratlos. Wenn ich jetzt abstiege, würde mich das Reh tottrampeln – vielleicht sogar mit Unterstützung des Rehs hinter mir. Also redete ich wieder. »Ein Seufzer lief Schlittschuh auf nächtlichem Eis und träumte von« – das Reh sprang weiter auf – »Liebe und Freude. Es war an dem Stadtwall und schneeweiß glänzten die« – das Reh hielt inne – »Stadtwallgebäude. Der Seufzer dacht' an ein Maidelein und blieb« – das Reh entschied sich jetzt einfach, regungslos stehen zu bleiben und von dem vermeintlichen Spaziergänger in der Dämmerung nicht wahrgenommen zu werden – »erglühend stehen. Da schmolz die Eisbahn unter ihm ein und er sank und ward nimmer gesehen.« Ich wartete auf eine Reaktion, auf ein »Böäh« vielleicht oder noch einen Sprung oder einen Rehseufzer, wenn es so etwas gibt. Das Reh und sein Kitz standen 40 Meter vor mir wie zwei Porzellanfiguren, als ob sie sich unsichtbar fühlten. Wenn ich jetzt abstiege, dachte ich, geht die Trampelei von vorn los, und die Geiß bricht mir das Genick. Es wurde dunkler. Ich ließ es drauf ankommen, wenn das Reh jetzt nicht reagierte, würde ich den Rest meines Lebens auf dem Hochstand verbringen, und irgendwer würde eines Tages einen mumifizierten Jäger finden, der verhungert und verdurstet ist. Also sang ich.

Aber was singt man vor einem Reh? Ohne Instrumentalbegleitung und ohne Noten? Ich dachte an Kurt Moll, den für mich größten Bassisten und unprätentiösesten Weltstar aller Zeiten. Wenn ein Bass wie Kurt Moll sich leicht räuspert, bebt die Erde im Umkreis von fünf Metern, als wenn ein Sattelschlepper den Motor anwirft. Na gut, man kann es ja mal probieren. Ich setzte an: »O Isis und Osiris.« Die Arie des Sarastro aus der »Zauberflöte«. Das Reh blieb stehen und hörte sich die halbe Arie an, dann probierte ich es mit einem Schlager. »Fiesta Mexicana« von Rex Gildo. Ob es an meiner kläglichen Stimme lag oder an einer Aversion des Rehs gegen Schlager – ich weiß es nicht. Bald nach dem zweiten »Hossa« sprang das Reh schon ab, sein Kitz folgte ihm behände. Zu Hause fragte meine Frau, warum ich so spät heimkomme. Ich erzählte ihr von dem Reh, von Kurt Moll und Rex Gildo. Sie fragte, ob ich noch ganz bei Trost sei.

Rehe sind umstritten. Die meisten freuen sich, wenn sie Rehe sehen. Es gibt aber auch Menschen, die Rehe wegen ihres Appetits auf die Knospen junger Bäume als Probleme oder gar als Ungeziefer betrachten. Mich als Journalist hat dieses Thema interessiert. Mehr als drei Jahre lang habe ich zu diesem Thema recherchiert. Ich habe mich mit Jägern unterhalten und mit Förstern, mit Biologinnen und mit Waldbesitzerinnen, mit Politikern und Tierschützerinnen. Und vor allem ließ ich mir Wälder zeigen, in denen es Rehe gibt.

In der letzten Amtszeit von Bundeskanzlerin Angela Merkel stand im Bundestag eine Erneuerung des Bundesjagdgesetzes auf der Tagesordnung. Das Bundeslandwirtschaftsministerium legte einen Entwurf vor, bei dem es für Rehe nicht gut ausgesehen hätte. Diesem Entwurf zufolge hätten die Abschusspläne für Rehe abgeschafft werden sollen. Solche Pläne werden in vielen Bundesländern von Jagdbehörden vorgegeben. Sie regeln, wie viele Rehe innerhalb von drei Jahren zu erlegen sind. Nach drei Jahren kommt ein neuer Abschussplan. Der Gesetzesentwurf ging vom heuchlerischen Mantra der Forstleute aus, es gebe zu viel Wild, das dem Wald schade, weil der Wolf als natürlicher Feind weitgehend fehle. Er sah vor, dass bei Rehen nur noch Mindest-, aber keine Höchstabschusszahlen vorgeschrieben werden sollen. Rehgegner hätten die Bestände völlig unkontrolliert auf ein Minimum dezimieren können. Rehe hätten also für den Klimawandel büßen müssen und dafür, dass Förster jahrzehntelang Monokulturen bewirtschaftet hatten, die jetzt mühevoll in Mischwälder umgebaut werden müssen. Zu einer Gesetzesänderung kam es letztlich nicht, weil die Vertreter der Pflanzen – die Förster – und die Vertreter der Rehe – die Jäger und die Tierschützer – zu unterschiedliche Vorstellungen haben. Und vielleicht auch, weil die Vorträge der Wissenschaftler, die auf tierschutzrechtliche Bedenken und auf die Tatsache verwiesen, dass die in den letzten 50 Jahren stark gestiegenen Abschusszahlen ziemlich uneffektiv blieben, bei der Anhörung im Bundestag den Abgeordneten zu denken gaben. Und mir ebenfalls.

Ich habe bei meinen Recherchen mit vielen Rehgegnern gesprochen. Die meisten waren Forstökonomen – Menschen, die mit Holz Geld verdienen. Von ihnen sind die anderen Rehgegner indoktriniert. So traf ich zum Beispiel einen Naturschützer, der aus einer Försterfamilie stammt. Er arbeitet hauptberuflich bei einem Naturschutzverband. Ich sagte: »Wenn ich in den Wald gehe, nehme ich oft Schafwolle mit. Ich wickle sie um die Triebe junge Bäume, damit den Rehen der Appetit darauf vergeht.« Er fragte: »Warum tun Sie das?« Auf diese Frage war ich nicht vorbereitet. »Warum ich das tue? Na, weil ich den Bäumen beim Wachsen helfen will.« Der Naturschützer reagierte ungehalten. »Das sollen Sie nicht tun! Sie sollen schießen!« Bei diesem Gespräch kamen mir die Schlümpfe in den Sinn. Die Schlümpfe sind eine muntere Truppe, die im Wald lebt und von dessen üppiger Vegetation vor ihrem Widersacher geschützt wird, dem bösen Zauberer Gargamel, assistiert von einem ebenso bösen Kater namens Asraël. Tatsächlich hatte mancher Rehhasser, den ich bei meinen Recherchen kennenlernte, auch äußerlich Ähnlichkeit mit dem verbissenen Gargamel.

In meinem Büro stapeln sich fast schon meterweise Aufzeichnungen, Kopien und Bücher über Rehe. Diese Tiere haben jetzt ein paar Jahre lang meine freie Zeit in Beschlag genommen. Für viele der Menschen, die mir etwas über die Rehe zu sagen hatten, ist es nicht besonders rühmlich, wenn ich sie in meinem Buch erwähne. Um mir juristische Auseinandersetzungen zu ersparen, mache ich sie mit Pseudonymen unkenntlich. Andere Namen sind aber das Einzige, was ich in meinen Rehgeschichten erfunden habe. Ich habe sie recherchiert, wie ich es als Journalist gelernt hatte und wie es der Pressekodex vorgibt.

Erst mal habe ich historische Literatur gewälzt. Schriften aus dem 16. Jahrhundert, Bücher aus dem 18. Jahrhundert, dann einige Bücher von Historikern über die Jagd in früheren Zeiten. Wenn ich diese Bücher zitiere, dann verwende ich der einfacheren Lesbarkeit halber unsere heutige Schreibweise. Abgesehen von wildbiologischen Abhandlungen gab es speziell über Rehe nicht viel, man muss dieses Tier wirklich suchen. Man trifft es eher selten, kann aber viel finden über die Einstellung der Menschen zu Rehen und anderen Wildtieren. Wenn Förster und die von ihnen beeinflussten Politiker heute die sogenannte Wald-Wild-Problematik heraufbeschwören, dann erweist sich das vermeintlich neue Problem skurrilerweise beim Blick in Bücher, die zu Zeiten Goethes und Rilkes geschrieben wurden, als uralt. Diese historische Dimension hat mich selbst ein wenig überrascht. Warum haben alle schon vergessen, dass sich Förster bereits vor 200 Jahren Verbissschutzmaßnahmen sparen wollten?

Es stimmt, solange Adelige ihre alleinigen Jagdprivilegien auslebten, hatten ihre Untertanen bitter darunter zu leiden, weil sie zusehen mussten, wie Hirsche und Wildschweine ihre Feldfrüchte auffraßen. Die Beobachtung aber, dass Rehe und Hirsche in forstwirtschaftlichen Flächen zu Schaden gehen, ist exakt so alt, wie es forstwirtschaftliche Flächen gibt. Jahrtausende und Jahrhunderte lang ließen die Menschen den Wald Wald sein, sie nutzten das Holz zum Bauen und zum Heizen. Erst mit der Erzgewinnung, mit der Vorindustrialisierung, mit wirtschaftlichen Aufschwüngen da und dort wurde Holz zu einem Material, das nicht mehr ausgehen durfte: zu einer erneuerbaren Energieressource. Und genau seit dieser Zeit sind Reh und Hirsch den Verantwortlichen, die für Holznachschub sorgen müssen, den Förstern, ein Dorn im Auge. Sie bauten Wälder, die längst nicht mehr natürlich waren. Das Reh passte sich den neuen Verhältnissen immer an. Sich zu vermehren war die natürliche Reaktion eines Tieres auf eine unnatürliche Entwicklung. Andere Tierarten gingen an dieser Entwicklung fast oder ganz zugrunde. Wo gibt es noch Haselhühner? Birkwild? Auerwild? Den Pirol? Sogar Hasen sind selten geworden.

Jetzt sollen Wälder wieder in einen naturnäheren Zustand umgebaut werden, damit sie den Folgen des Klimawandels besser trotzen. Das Reh wird sich auch damit arrangieren. Ein künstlich hergestellter Wald wird künstlich zu einem vorgeblich naturnäheren Wald umgebaut – bleibt aber unterm Strich künstlich, weil er umgebaut wird und die Menschen kein Vertrauen haben, dass er natürlich aufwächst. Oder weil viele Förster überflüssig wären, wenn man die Natur sich selbst überließe. Man überlässt sie aber nicht sich selbst, sondern man pflanzt und sät zum Teil exotische Baumarten wie Libanonzedern an und will sich Schutzmaßnahmen sparen, die einst selbstverständlich waren. Und deswegen, meinen die Förster, muss die natürliche Vermehrung der Rehe mit aller Gewalt eingedämmt werden.

Wenn ich heute zu Hause bei meiner Mutter auf die Anhöhe Bubenberg gehe und nach Rehen schaue, habe ich ein eigenes Fernglas. Die Gläser sind sicher besser als das Exemplar von Herrn Schulze. Ein Teil des Waldes, aus dem die Rehe damals zum Äsen auf die Wiese gezogen waren, gehört heute meiner Mutter, sie hat ihn einer Nachbarin abgekauft. Aber die Wiesen davor bleiben Abend für Abend leer.

Warum? Das habe ich Christian gefragt. Christian kam im Jahr 1939 zur Welt, er wuchs als Bauernjunge an und in dem Wald auf, den ich später mit dem Sommerfrischler Schulze beobachtete. In seiner Kindheit waren es 60 bis 70 Rehe. Auf den Wiesen vor dem Kulbinger Filz. Jeden Abend.

Ich kannte Christians Vater, den alten Bergerbauern. Der saß jeden zweiten Nachmittag bei meinem Großvater, er hatte nur noch ein Auge und kam immer mit einem Gehstock. Einmal spazierten der Berger, der Opa und ich nach Pfaffing und setzten uns auf eine Bank, hinter der es stank. Für mich jedenfalls. Ein totes Reh lag da im Wald, und wenn es nicht so fürchterlich nach Verwesung gestunken hätte, dann hätte ich es gestreichelt. Opa und der Berger mit ihren weltkriegserprobten Nasen gaben sich nicht damit ab. Der Bergerbauer politisierte gern und heftig, daran erinnere ich mich gut. Christian hat ein völlig anderes Temperament als sein Vater, er ist viel ruhiger. Er heiratete von dem exponierten Bauernhof ins Dorf hinein und hat es über Jahrzehnte hinweg als Einzelhändler mit Lebensmitteln versorgt. Anfang der 1960er-Jahre wurde er Jäger.

Christian ist ein besonnener und rechtschaffener Mann. Manchmal stifte ich Messen für meine Großeltern oder für meinen Vater. Man zahlt einen Fünfer an die Pfarrei, und bei einem Gottesdienst wird dann für die Person gebetet, für die man gezahlt hat. Wenn ich dann diesen Gottesdienst besuche, sehe ich oft Christian mit seiner Frau. Menschenskinder, denke ich mir, jetzt ist der auch schon 80 – und schaut gut aus. An seinen politisierenden Vater erinnert wirklich sehr wenig.

Ich musste Christian wegen der Rehe fragen, um meine Kindheitserinnerungen zu verifizieren: »Du schaust vom Buamberg hinunter und siehst kein Reh, keinen Fasan und gar nichts. Komme ich nur an Tagen, an denen sie im Wald bleiben, oder was ist da los?«

»Da ist nichts mehr los. Egal wann du kommst.«

»Als ich klein war, standen da noch 20, 30 Stück herum. Oder?«

»Ja. Und als ich klein war, da waren es zwischen Eschlbach und Berg 60 bis 70 Stück. Die gleiche Fläche. Da hast du nie in den Wald gehen können, ohne ein Reh zu sehen.«

»Und jetzt?«

Christian rechnet. Aber er kommt auf keine Zahl. »Wenn ich sage, es hat bei uns damals zehn oder fünfzehn Mal so viele Rehe wie heute gegeben, dann wird das wahrscheinlich nicht reichen.«

In den 1960ern mussten die Jäger ungefähr vier Rehe pro Hektar ihrer Pachtfläche erlegen. Für jedes zu erlegende Reh gab die Jagdbehörde im Landratsamt eine Plombe aus, mit der das Stück dann markiert werden musste – damit ja nicht zu viele Rehe geschossen wurden. »Wenn du ein Reh mehr als erlaubt geschossen hättest, dann wärst du wie ein Verbrecher dagestanden«, sagt Christian.

Und heute fordern manche Bauern meiner Heimatgemeinde noch höhere Abschusszahlen. Christian und sein Sohn, ebenfalls Christian, haben Wildkameras aufgestellt. Manchmal, eher selten, lassen sich darauf nachts Rehe blicken. »Vor 20 Jahren hast du noch keine Kamera gebraucht, wenn du ein Reh sehen wolltest.« Die Jäger haben damals Salzsteine aufgestellt und vor diesen sogenannten Salzlecken den Boden so glattgetreten, dass sie an den Spuren der salzleckenden Tiere erkannten, was gerade unterwegs ist. Heute bleiben platt getretene Flächen vor Salzlecken tage- und wochenlang unberührt.

Die Rehpopulation ist in den letzten 40 Jahren empfindlich abgeknallt worden, und die Tiere, die es noch gibt, verstecken sich bis in die Nacht. Sie haben gelernt, dass es lebensgefährlich ist, vor den Wald zu treten. Die Jäger meines Heimatdorfes mussten immer mehr Rehe erlegen. Abschusszahlen werden von der Jagdbehörde vorgegeben. Wo früher pro Revier 20 Stück im Jahr zu schießen waren, sind es heute 60.

Greifen wir das Schlümpfe-Bild noch mal auf. Die Gargamels, die gegen die Rehe kämpfen, die Rehgegner haben derzeit Oberwasser. Sie setzen immer höhere Abschusszahlen durch, einige von ihnen besorgen sich selbst den Jagdschein, weil ihnen die herkömmlichen Jäger nicht genug schießen. Die Rehgegner besetzen entscheidende Positionen in den entscheidenden Behörden und Naturschutzverbänden, die meisten von ihnen sind Förster. Verbiss, Verbiss, Verbiss, man hört von ihnen immer nur Verbiss. Die Einzigen, die mir zu verbissen vorkommen, sind diese Gargamels.

2

DAS REH UND DIE KUNST

DAS REH ALS
IDENTIFIKATIONSGESTALT
UND OBJEKT DER BILDENDEN
KUNST

Tiergedichte kommen gut an. Und Rehgedichte besser als Vogelgedichte. Das ist meine sehr subjektive Erfahrung. Nach der Schule stand ich vor der Wahl, ob ich Jura studiere, nur noch lerne und es den anderen überlasse, das Leben zu genießen – oder ob ich irgendwas studiere, bei der Zeitung als Journalist und in einer Kneipe jobbe. Dieses Irgendwas wurde dann Geschichte und Germanistik. Wenn ich das Leben genoss, saß ich nachts mit anderen jungen Menschen in verrauchten Lokalen, und wenn keinem mehr etwas einfiel, versuchte ich sie mit Gedichten zu betören. Seitdem sage ich: Mit Tiergedichten ist man immer vorn dabei, mit Rehgedichten ein Held. Schnabeltiere zum Beispiel sind nett, aber zu ausgefallen, Möwen sind auch nett, aber verzaubern nicht. Rehe hingegen liebt jeder. Sie evozieren beim Auditorium ein Augenleuchten: Flugs haben alle einen Bambi-Blick. Ich bewundere heute noch jeden Juristen, der tüchtig studiert hat, und gönne ihm jeden Cent, den er mehr verdient als ich. Die Germanistik war der bessere Zeitvertreib, sie hat mir die Augen für die Lyrik geöffnet, ich habe ihr viel Schönes zu verdanken.

Das Reh ist wie gemacht für Künstler und Schwärmer. Es ist schön, scheu und schamhaft. Diese Attribute dichten ihm die Menschen an, seit sie dieses Tier mit Reimen besingen. Für manche Künstler ist es gar der Inbegriff der Anmut. Wer Rehe eine längere Zeit beobachtet hat, wird aber zugeben müssen, dass kaum einer von ihnen dem Wesen des Rehs näher gekommen ist als Heinz Erhardt. Sein Zweizeiler

»Das Reh springt hoch, das Reh springt weit.

Warum auch nicht? Es hat ja Zeit.«

bringt es auf den Punkt. Das Reh mag ja liebreizend aussehen, aber wenn man es in Ruhe und ungestört vor sich hinleben lässt, hört es den Vögeln beim Zwitschern, es schaut dem Gras beim Wachsen zu und vertreibt sich den Ennui durch gelegentliche Sprünge hier- und dorthin. Es ist: unbekümmert. Treffender als Heinz Erhardt, einer der komischsten Spaßvögel unter allen deutschen Dichtern, hätten es Verhaltensbiologen und Zoologinnen nicht formulieren können. Nebenbei bringen diese beiden Verse die enormen sportlichen Fähigkeiten dieses Tieres zum Ausdruck, die von den Reh-Melancholikern unter den Malern und Poeten oft unterschlagen werden. So gesehen, kann man Heinz Erhardts Pointe fast schon als Universalbeschreibung durchgehen lassen. Das Reh vermag wirklich sehr hoch und sehr weit zu springen, der Sprung des Bockes ist mit einem eigenen Fachterminus ins Vokabular der Dressurreiter eingezogen. Dieser Begriff ist eng mit dem zoologischen Namen des Rehes verwandt: Kapriole. Ein Pferd so weit zu bekommen, dass es in vollkommenster Eleganz springt wie ein Rehbock, erfordert Geschick und beharrliches Training. Nur die besten Pferde schaffen das mit ihren Reiterinnen und Reitern.

Wer mal einen Film mit Heinz Erhardt gesehen hat, wird dem Witzbold des deutschen Wirtschaftswunders schwerlich surrealistische Anwandlungen zutrauen. In seinem Gedicht »Der Hirschkäfer« aber kreiert er ein Szenario, das an die kuriosesten Einfälle von Salvador Dalí erinnert. »Ein Hirschkäfer, der

weidete / mit seinen siebzehn Rehen, / und jedermann beneide-
te / ihn um die vielen Ehen.« Erhardt wäre aber nicht Erhardt,
wenn er seine absurden Ideen nicht einfinge und als Kinder-
gedicht enden ließe: Ein Knabe fängt und tötet den Käfer, das
Geweih des Insekts landet als Trophäe in der Puppenstube der
kleinen Schwester.

In den meisten Fällen greifen Autoren oder Autorinnen zum
Reh, wenn sie Anmut darstellen wollen. Und hier muss man in
der Tat von Autoren sprechen und nicht von Autorinnen, weil es
stets um männliche Akteure handelt, die das Reh aus ihrem zoologischen Repertoire zaubern, um einer Adressatin zu schmei-
cheln. Erinnert sei in diesem Zusammenhang an Berta Griese
aus der »Lindenstraße«. Die »Lindenstraße« war eine deutsche,
vielleicht sogar die deutscheste Fernsehserie und lief sonntags
im Ersten. Berta Griese, gespielt von Ute Mora, ging als »Rehlein« in die Fernsehgeschichte ein; »Rehlein« – so nannte ihr
Lebenspartner Hajo sie. Damit fügten sich die Drehbuchauto-
ren in eine sehr, sehr lange und alte Tradition.

Man kann sagen, dass das Reh als Geschöpf der Liebe kon-
tinuierlich vom Alten Testament der Bibel in die »Lindenstraße«
und somit ins sonntägliche Vorabendprogramm überdauert hat.
Der Verfasser des Hoheliedes imaginiert Liebeslust und Begeisterung so griffig, dass man als Autor des 21. Jahrhunderts fast
erröten muss vor Scham angesichts dieses Maßes an Kreativität,
und wenn man Thomas Manns Josephs-Romane gelesen hat,
ahnt man, woher die Inspiration für dieses Meisterwerk kam.
»Deine Zähne«, besingt er seine Freundin, »sind wie eine Herde Schafe mit beschnittener Wolle, die aus der Schwemme kommen, die allzumal Zwillinge haben, und es fehlt keiner unter ihnen.« Die Lippen seien nicht nur »wie triefender Honigseim«,
sondern auch »wie eine scharlachfarbene Schnur«. Nun aber die
Brüste: »Deine zwei Brüste sind wie zwei junge Rehzwillinge,

die unter den Rosen weiden.« Wir lernen daraus zwei Dinge: Rehe setzen Fantasie frei. Und offenbar schon damals, in der Antike, ernährten sich Rehe gern von Rosenblüten.

Auch römische Dichter zogen das Reh für Vergleiche heran. »Fliehst mich, Chloe, des Rehs schüchternem Kitzlein gleich, / dem auf pfadlosen Höh'n ängstlich die Mutter rief, / stets erbebend in Unruh, wenn ein Lufthauch im Wald sich regt« – Horaz' 23. Ode im Ersten Buch klingt im lateinischen Original nahezu genauso verzweifelt. Am Ende der Ode fordert er sein »Kitz« auf, endlich von der Mutter abzulassen, denn es sei »der rechte Zeitpunkt, einem Mann zu folgen«. Alles andere als charmant leuchtete derselbe Horaz in Ode 15 des Dritten Buches der Frau des Ibycus heim, die sich gern unter jungen Leuten vergnügte. Heute würde man ihn für eine solche Invektive an den Pranger stellen, und das zu Recht, einen Verleger fände er jedenfalls so schnell nicht mehr. Diese Dame, schreibt Horaz, solle sich mäßigen. Im Gegensatz zu einer jungen Frau, die »in Tanzes Lust ausgelassen wie Kitze hüpfen« darf, stünden ihr solche Koketterien nicht zu. Tanzende Kitze? Ein hinkender Vergleich! Rehe mögen zwar Kulturfolger sein, aber beim Tanzen hat sie außer Horaz noch keiner gesehen. Immerhin zeigt die Präsenz des Rehs bei Horaz, wie gefragt es als lyrische Gestalt war.

Nun könnte man vielleicht einwenden, in Gestalt des Bocks seien auch Männer immer wieder mit Rehen verglichen worden. Der »geile Bock« ist so sprichwörtlich wie der »Bock, der zum Gärtner wird«. Allerdings kann man davon ausgehen, dass hier eher nicht der Rehbock gemeint ist, sondern der Schaf- oder der Ziegenbock. Früher verfluchten sich Widersacher gegenseitig mit der Verwünschung »dass dich der Bock hole«. Mit Bock war hier der Teufel in Bocksgestalt gemeint – wobei in der guten alten Zeit der Teufel niemals als Reh-, sondern als Ziegenbock in Erscheinung zu treten pflegte. Einen Ausnahmebock finde ich bei Robert Gernhardt in seinem Gedicht »Stadtnacht«, hier ist tatsächlich ein männliches Reh angesprochen. Geil im Sinne von liebestoll ist hier jedoch nicht der Bock selbst, vielmehr muss er zu seinem sexuellen Glück gezwungen werden – und zwar von »Mädchen, die zum Vögeln gehen« und dazu Hürden überspringen »gleich Rehen«. Selbstbewusst und zielstrebig zum Geschlechtsverkehr; man könnte meinen, Gernhardt habe zur Paarungszeit das Verhalten von Rehgeißen in der Natur studiert. Immerhin räumt er im Gedicht »Durch Schwaben« ein: »Abends schau' ich dem Reh zu.«

Bei Dichterinnen ist mir bislang kein Reh untergekommen. Außer bei Annette von Droste-Hülshoff, die in ihrer Ballade »Knabe im Moor« aber wohl vornehmlich ein Tier gebraucht hat, das sich auf »Näh'« reimt: »Der Knabe springt wie ein wundes Reh, Wär' nicht Schutzengel in der Näh'«, heißt es hier, dann wäre der Bub dem Tod geweiht. Das Reh scheint ein Sehnsuchtstier männlicher Künstler zu sein. Joachim Ringelnatz hatte wohl ganz schon einen im Tee, als er mitten in Hamburg-Blankenese ein absurdes Reherlebnis hatte:

> Ein ganz kleines Reh stand am ganz kleinen Baum
> still und verklärt wie im Traum.
> Das war des Nachts elf Uhr zwei.
> Und dann kam ich um vier
> Morgens wieder vorbei.
> Und da träumte noch immer das Tier.
> Nun schlich ich mich leise – ich atmete kaum –
> gegen den Wind an den Baum,
> und gab dem Reh einen ganz kleinen Stips.
> Und da war es aus Gips.

Da Rehe vornehmlich Männer inspirieren, kommen wir unweigerlich zur Frage: Sind Vergleiche von Frauen mit Rehen sexistisch? Es ist durchaus legitim, wenngleich mitunter heikel, Menschen mit Tieren zu vergleichen. Arbeiten sie ununterbrochen, sind sie fleißig wie Bienen. Haben Leute üble Tischmanieren, fressen sie wie ein Schwein. Sind sie schlau, erinnern sie an den Fuchs. Trifft das Gegenteil zu, muss als tierische Referenz der Esel herhalten. Problematischer wird es, wenn der Chef eine Mitarbeiterin als »Bestes Pferd im Stall« oder die Chefin einen verdienten Kollegen als »Alten Hasen« bezeichnet. Nennen wir diese Vergleiche der Einfachheit halber animalistisch. Auch das Reh muss seine Eigenschaft als Bezugswesen sexistisch-animalistischer Fantasien erdulden. Manch paternalistischer Schwärmer klingt unfreiwillig komisch; anzuführen wäre in seiner operettenhaften Blumigkeit etwa der Forst- und Jagdautor Oskar von Riesenthal, wenn er schreibt: »Die Liebste mit dem schlanken Reh vergleichen, heißt ihren Reizen eine sinnige Huldigung bringen, die umso passender ist, je vorherrschender weibliche Zartheit und Zurückhaltung ihr innewohnen.« Rein und unschuldig, wie dieses Tier ist, sind Rehvergleiche frei von allen Konnotationen, die missverstanden werden könnten, und damit auch von verhängnisvollen Anzüglichkeiten. Die oben zitierten Brüste aus dem Hohelied des Alten Testamentes bilden freilich eine kleine Ausnahme, die diese Regeln nur bestätigen.

Man kann allerdings davon ausgehen, dass sich Frauen gern durch den Vergleich mit Rehen betören ließen. Andernfalls hätte das Reh als Kose-Tierchen kaum überlebt, und auch Berta Griese hätte ihrem Hajo die Anrede »Rehlein« schnell untersagt und sich womöglich ein »Mäuschen« ausgebeten. Die Gebrüder Grimm liefern in ihrem *Deutschen Wörterbuch* aus dem Jahr 1893 eine Konkordanz über die Literatur und verzeichnen die Stellen, an denen Rehe genannt werden, überaus ordentlich.

Sie stellen fest: »Gern werden junge Mädchen oder Frauen geradezu Reh genannt.«

Manchmal benutzen Dichter das Reh einfach nur, um einen Reim auf das Wort »Weh« hinzubekommen, wie es in Otto Julius Birnbaums Gedicht »Erstes Beben« zu sehen ist: »Im finstern Walde springt ein Reh / Scheu auf. / Ach, du mein holdes Kind, / In meiner Seele ist ein schreckhaft Weh, / Dem viele Jäger auf der Fährte sind.« Zur poetischen Qualität dieser Verse darf man anmerken, dass die Phrase »Du mein holdes Kind« in Verbindung mit einem Reh zur Entstehungszeit im *Fin de Siècle* schon ungefähr so abgedroschen war wie die Wortverbindung »Rock me, baby« in der heutigen Rockmusik. Oft verraten Dichter mit Rehvergleichen hingegen eine interessante Mischung aus Jagd- und Beschützerinstinkt. Als Belege führt das *Deutsche Wörterbuch* die Dichter Karl Wilhelm Ramler und Friedrich Gottlieb Klopstock an, wobei in Klopstocks Gedicht »Aus der Vorzeit« bei einem schmachtenden Jüngling ein unbändiger Eroberungstrieb aufkeimt, wenn er »glühend vor Fröhlichkeit bey dem Reh in der Laube Duft« sitzt und sich von Vers zu Vers die Begeisterung für das menschliche »Reh« so sehr steigert, dass man sich bildhaft vorstellen kann, wie die Wangen des Burschen rot und röter leuchteten vor Liebeshunger. Für Friedrich Rückert ist »das flüchtige Reh im Gebirg« gar die Inkarnation der Liebe. Rückert gibt sich in Fragen der Liebe eher als Pessimist, er hält sie für eine ephemere Erscheinung – für eine Kapriole.

Abgesehen von der Liebe und der Anmut dient das Reh Dichtern seit jeher zum Veranschaulichen von Schnelligkeit, aber auch von Schüchternheit. Die Liste der poetischen Rehreferenten, die für flinke Fortbewegungen aufs Reh verweisen, reicht von Ernst Moritz Arndt über August von Kotzebue bis Ludwig Uhland. Als vorbildliches Muttertier erscheint es bei Joseph Rudloff:

Der Gaumen, der Gaumen,
lutscht müd' an einem Daumen.
Die große Zehe voller Neid
Fragt: Hast für mich endlich auch mal Zeit?
Na klar, sagt der Gaumen, stets bereit.
Aber bist du denn nicht weg zu weit?
Ach, so weit, klagt die Zeh, Scheiß Einsamkeit.
Da ruft der Daumen: Stop!
Springt aus dem Mund mit lautem »Plopp«
Er fliegt hinab zum Zehenspitz
liebkost ihn wie ein Reh sein Kitz.

Manche Dichter lassen das Reh einfach ein Tier sein, ohne es für amouröse Avancen zu missbrauchen. Heinz Erhardt zum Beispiel. Oder Christian Morgenstern. Sein Gedicht »Das Gebet« aus den Galgenliedern eignet sich hervorragend, um reservierte Menschen zu erheitern, ja sogar um den vermeintlich stumpfsinnigsten Zeitgenossen ein leichtes Lächeln ins Gesicht zu fabrizieren, und das liegt zum einen an Morgenstern selbst und zum anderen natürlich an seinen Protagonisten, den Rehlein. Morgenstern wollte mit den Galgenliedern das, wie er schrieb, »Kind im Menschen« erreichen. Gelingt es ihm etwa nicht?

DAS GEBET

Die Rehlein beten zur Nacht,
hab acht!
Halb neun!
Halb zehn!
Halb elf!
Halb zwölf!
Zwölf!

Die Rehlein beten zur Nacht,
hab acht!
Sie falten die kleinen Zehlein,
die Rehlein.

Morgenstern hatte eine enge Beziehung zur Natur. Als Knabe wuchs er in der Gegend auf, in der Franz Marc mit Wassily Kandinsky den »Blauen Reiter« gründete, zwischen Murnau und Kochel. Morgensterns Vater, ein Landschaftsmaler und Jäger, nahm den Sohn mit auf die Jagd – der spätere Dichter kannte die Rehe aus eigenem Erleben. Franz Marc war fasziniert von Rehen. Mit seiner Frau hielt er sogar zwei Rehe in seinem Garten, denen er Namen gab, Hanni und Schlick. Kandinsky berichtete, Franz Marc habe diese Tiere wie eigene Kinder umsorgt. Als er 1914 von Sindelsdorf nach Ried umzog, nahm er sie mit; sie bekamen im neuen Domizil eine eigene schöne Wiese.

Der Maler ersehnte eine Utopie: ein Paradies auf Erden, ein Paradies in der reinen Natur. Rehe, diese Symbole von Unschuld und Reinheit, waren wie geschaffen für eine solche Welt. Für Franz Marc versinnbildlichten diese Tiere eine mit sich selbst versöhnte Schöpfung. Er strebte die »Animalisierung der Kunst« an, lehnte es aber gleichzeitig entschieden ab, als Tiermaler bezeichnet zu werden. Im Jahr 1909 schuf er seine Bilder »Rehe im Schilf« und »Rehe in der Dämmerung«, zwei im Vergleich zu den späteren Reh-Gemälden noch geradezu naturalistische Werke. Mit »Rote Rehe I« im selben Jahr wurde er schon abstrakter. »Das unberührte Lebensgefühl des Tieres« ließ »alles Gute in mir erklingen«, schrieb er seiner Frau Maria im April 1915, er war da bereits als Soldat im Krieg. »Und vom Tier weg leitete mich ein Instinkt zum Abstrakten, das mich noch mehr erregte; zum Zweiten Gesichte, das ganz indisch-unzeitlich ist und in dem das Lebensgefühl ganz rein klingt.«

Die meisten Tiere malte Marc von den Blicken der Betrachtenden abgewandt. Kaum eines dieser Wesen blickt die Menschen an; sie leben in ihrer eigenen Sphäre, der sich der Maler nur durch Einfühlung nähern kann. Man hat beim Betrachten seiner Bilder den Eindruck, dass Franz Marc das Wesen der Rehe sehr gut erfasst; ihrem Rhythmus, den sie vorgeben, passt sich die Umgebung an. Kandinsky erkannte in diesen Bildern einen nie da gewesenen Blick auf die Welt: »Der noch verhältnismäßig junge Künstler betrachtete das Tier im Allgemeinen nicht als solches, sondern rührt die Kuh in die Landschaft hinein und schmelzt die Rehe mit dem Wald zu einer neu von ihm eroberten Weltanschauung.« Vermenschlichen wollte Marc die Tiere nicht; er wollte dahinterkommen, wie diese Wesen die Natur erfühlen. »Wie sieht ein Pferd die Welt oder ein Adler, ein Reh oder ein Hund? Wie armselig, seelenlos ist unsere Konvention, Tiere in eine Landschaft zu setzen, die unsren Augen zugehört statt in die Seele des Tieres zu versenken, um dessen Bildkreis zu erraten«, sinnierte er in den »Aufzeichnungen auf Blättern in Quart«, die er im Winter 1910/11 zu Papier brachte.

Am Reh entwickelte Marc seine künstlerische Programmatik: »Was hat das Reh mit dem Weltbild zu tun, wie wir es sehen? Hat es irgendwelchen vernünftigen oder gar künstlerischen Sinn, das Reh zu malen, wie es unsrer Netzhaut erscheint, oder in kubistischer Form, weil wir die Welt kubistisch fühlen? Wer sagt mir, dass das Reh die Welt kubistisch fühlt; es fühlt sie als ›Reh‹, die Landschaft muss also ›Reh‹ sein. Das ist ihr Prädikat. Die künstlerische Logik von Picasso, Kandinsky, Delaunay, Burljuk etc. ist vollkommen und einwandfrei; sie ›sehen‹ das Reh gar nicht und kümmern sich nicht darum; sie geben ›ihre‹ innerliche Welt.« Das Wichtigste in einer Gedankenfolge sei das Prädikat. »Subjekt ist seine Prämisse. Das Objekt ein meist belangloser Nachklang, der den Gedanken spezialisiert, banalisiert. Ich kann ein Bild malen: das Reh. Pisanello hat solche gemalt. Ich kann aber auch ein Bild malen wollen: ›das Reh fühlt‹. Wie unendlich feinere Sinne muss ein Maler haben, das zu malen!« Der italienische Maler Pisanello, ein Meister der Frührenaissance, hatte Tiere naturgetreu gezeichnet und sich dabei wohl noch keinen Kopf über Prädikat, Subjekt und Objekt der Aussagen seiner Bilder gemacht. Ihre Ausdruckskraft bleibt denn auch hinter der von Franz Marcs Bildern zurück.

Zu den berühmtesten Rehbildern Franz Marcs zählten »Reh im Klostergarten« (1912) und »Reh im Blumengarten« aus dem Jahr 1913, beide bereits abstrakt. Die Rehe sind hier nur noch schematisch mit bizarren Umgebungen dargestellt. Als Vorahnung des Ersten Weltkriegs betrachtet man im Nachhinein sein Bild »Tierschicksale«, ebenfalls von 1913, das heute im Kunstmuseum Basel zu sehen ist. Das blaue Reh in der Bildmitte reckt das Haupt in die Höhe, es ist eine sterbende Pose, eine Pose des Getroffen-Seins, eine Anti-Kriegs-Pose. Auf die Rückseite dieses Bilds schrieb Franz Marc: »Und alles Sein ist flammend Leid.« Geradezu versöhnlich und harmonisch wirken im Kontrast dazu die »Rehe im Wald II« aus dem Jahr 1914, ein Rehfamilienidyll.

BAMBI UND MÄRCHENREHE

Beim fraglos berühmtesten Reh der Literaturgeschichte handelt es sich um ein Bockkitz namens Bambi. Dass es weltweit bekannt wurde, verdankt es der Firma Disney, die Bambi zur Titelfigur eines Zeichentrickfilms machte. Allerdings vollzog das Tier beim Sprung aus dem Buch auf die Leinwand eine handfeste Metamorphose. Vom Kitz in der literarischen Vorlage wird das Tier zu einem Weißwedelhirsch im Film. Was gäben Rehhasser,

was gäben Forstökonomen, die sich den Schutz ihrer gepflanzten Bäume sparen wollen, wenn Salten und Disney statt eines
Paarhufers ein Murmeltier oder einen Feldhamster zur Haupt-
figur gemacht hätten. Man kann davon ausgehen, dass sich eine
beträchtliche Zahl der Menschen, die Bambi gelesen oder gesehen haben, für ein Leben als Vegetarier entschieden oder sich
gleich militanten Anti-Jagd-Aktivisten angeschlossen hat.

Felix Saltens Erzählung erschien mit dem Untertitel »Eine
Lebensgeschichte aus dem Walde« als Fortsetzungsroman der
Wiener Tageszeitung *Neue Freie Presse* von August 1922 an und
als Buch bei Ullstein im darauffolgenden Dezember. Salten, ge-
boren 1869 als Siegmund Salzmann im heutigen Budapest, ist
eine illustre Figur. Er lebte in Wien und schrieb dort mit edler Feder und multipler Begabung neben tagesaktuellen Feuil-
letons, mit denen er mühsam seinen Unterhalt bestritt, Libretti,
Theaterstücke und Romane. Gesichert ist es nicht, aber nach
Auffassung mancher Salten-Forscher deutet einiges darauf hin,
dass Salten auch Urheber der Josefine-Mutzenbacher-Romane
war. Erst neueren Untersuchungen zufolge könnte ein gewisser Ernst Klein diese Geschichten geschrieben haben. Die in
der Ich-Perspektive sprechende Romanfigur Mutzenbacher ist
eine Wiener Prostituierte, sie breitet in den Geschichten mitunter detailreich ihre Geschäfts- und Kundenkontakte aus. Der
Vertrieb dieser Geschichten war in Deutschland bis 2017 wegen
»schwerer Jugendgefährung« verboten. Frau Mutzenbacher ist
ziemlich genau das Gegenteil von einem unbedarften Reh. Salten hielt sich stets bedeckt.

Keinen Zweifel gibt es hingegen an seiner Urheberschaft
der Tiergeschichten, die er unter seinem Namen veröffentlichte, »Florian, das Pferd des Kaisers« zum Beispiel und die »Jugend des Eichhörnchens Perri«. Warfen ihm die einen vor, er
liefere blanken Kitsch ab und schaffe eine »bürgerliche Idylle im

Wald«, lobten ihn die anderen für seine Naturverbundenheit, die sie für originell hielten. Salten war ein leidenschaftlicher Jäger und als solcher auch ein eifriger Tierschützer. Ein Widerspruch? Keineswegs. Salten wandte sich zum Beispiel entschieden gegen Treibjagden, weil Tiere dort allzu oft ange- statt erschossen werden und lange leiden müssen. Ein paar Kilometer außerhalb von Wien, in Unterzögersdorf bei Stockerau, hatte Salten ein eigenes Jagdrevier gepachtet. Sooft er für seine Wildtiergeschichten Inspiration brauchte, konnte er sie dort schöpfen.

»Ich kam erst als reifer Mann von vierzig Jahren zum Jagen, war kein Schießer, habe die einzelnen Stücke, die weggehörten, selbst ausgesucht«, schrieb er in seinen handschriftlichen Erinnerungen zur Entstehung von *Bambi*. Sein Jagd- und Naturwissen ließ er in seine Geschichten einfließen. Wobei sich auch seine Literatenkumpels, mit denen er sich im seinerzeit angesagten Wiener Café Griensteidl zu treffen pflegte, darüber amüsierten. Als besonders übles Lästermaul trat der junge Karl Kraus in Erscheinung, mit dem Salten lange Jahre einen freundschaftlichen Kontakt pflegte. Doch als er eines Tages im Griensteidl aufkreuzte, nahm ihn sich Salten zur Brust. Kraus hatte ihm zu viel intrigiert und sich – wie über viele andere – nun auch über ihn lustig gemacht; unter anderem thematisierte er Saltens jüdische Herkunft und legte dessen Jagdpassion spottend als eine »überkompensierende Assimilationsleistung« aus. Der Schriftsteller und Augenzeuge Arthur Schnitzler notierte in sein Tagebuch, wie der spätere *Bambi*-Autor reagierte: »Gestern Abd. [Abend] hat Salten im Kfh. [Kaffeehaus] noch den kleinen Kraus geohrfeigt, was allseitig freudig begrüßt wurde.« Genau genommen waren es zwei Ohrfeigen. Man schrieb das Jahr 1896, die Watschn hatte Kraus verdient.

Den Vorwurf, blanken Kitsch zu produzieren, parierte Salten mit einem hehren Vorsatz. Vor seinen Roman *Fünfzehn Hasen* setzte er einen programmatischen Aphorismus, der auf seine Motivation blicken lässt und ihn gleichzeitig erhaben macht über Kritik: »Suche nur immer das Tier zu vermenschlichen, so hinderst du den Menschen am Vertieren.« Bei der Lektüre dieser Losung kommen einem unweigerlich die Texte des schreibenden Waldökologen Peter Wohlleben in den Sinn, der unter anderem von Baumbabys spricht und dafür aus den Reihen seiner orthodoxen Kollegen, der konventionellen Förster, verrissen wird. Wohlleben ist noch nicht ganz so berühmt wie Bambi – aber ins Kino hat er es auch schon geschafft. Wer Wohlleben und Salten liest, bekommt mehr Respekt vor der Natur. Wer diese beiden Autoren ablehnt, betrachtet Pflanzen und Wildtiere allzu funktional. Allzu ökonomisch eben.

Das Rehkitz Bambi kommt im Wald zur Welt, seine Mutter umsorgt es fürsorglich und liebevoll. Weil es sich prächtig entwickelt, ist es in der Population schnell recht beliebt. Bambi hat einen Cousin und eine Cousine, Gobo und Faline. Mit ihnen vertreibt sich der heranwachsende Bock die Zeit beim Spielen auf der Wiese. Im Winter, wo die Not groß wird, weil es an Futter mangelt und die Bäume des Waldes vor Kälte klirren, erleidet Bambi eine Tragödie: Seine Mutter, auf deren sichere Führung das junge Reh jetzt noch angewiesen wäre, wird erschossen. Bei einer Treibjagd. Salten verpackt hier scharfe Kritik an einer Jagdart, die heute noch praktiziert wird und gerade bei Rehen fatale Folgen haben kann. Denn bei Treibjagden kommt es darauf an, schnell zu schießen – und nicht erst lange zu prüfen, ob gerade ein Muttertier vor dem Gewehrlauf vorbeizieht oder ein Kitz.

Das Sozialverhalten der Rehe romantisiert Salten keineswegs. Als Bambi älter wird, hat er sich gegen andere Böcke zu behaupten. Jeder Bock muss einen Platz finden. Es soll Jäger geben, die bei der Vorbereitung auf ihre Jägerprüfung erst einmal *Bambi* gelesen haben, um dabei ein Gefühl für das zu bekommen, was sich draußen im Wald abspielt. Nun ja, schaden kann diese Lektüre bestimmt nicht, man lernt zumindest schon mal eine Reihe von Fachausdrücken (»Lauscher« für Ohr, »Haupt« für Kopf, »wittern« für riechen). Wie die österreichische Literaturwissenschaftlerin Daniela Strigl für einen Beitrag zum Katalog einer stattlichen Salten-Ausstellung 2020 in Wien herausfand, kam der jagdkritische *Bambi*-Roman gerade bei der Jägerschaft gut an. Rezensionen und Zuschriften belegen dies. Zu den prominentesten *Bambi*-Lesern gehörte Saltens Kollege Stefan Zweig, der in einem Brief bekannte, ihm sei das »Paradoxon«, wonach »die passionierten Jäger, also die Tiertöter« gleichzeitig die »leidenschaftlichsten Freunde und Liebhaber der Kreatur« seien, erst beim Lesen von *Bambi* und »Fünfzehn Hasen« begreiflich geworden.

Im Film ist die Geschichte von Bambi leicht verändert. Das Werk zählt zu den düstersten Zeichentrickfilmen aus dem Hause Disney, aber die Brutalität ist im Vergleich zum Buch spürbar zurückgenommen. Saltens Beschreibung aus Sicht der Tiere ist ein flammendes, ja himmelschreiendes Fanal gegen Treibjagden:

»Ein sterbender Fasan lag mit verdrehtem Halse auf dem Schnee und schlug nur noch matt mit den Schwingen. Als er Bambi kommen hörte, hielt er mit seinen krampfhaften Bewegungen inne und flüsterte: ›Es ist aus...‹ Bambi achtete nicht auf ihn und rannte weiter. Wirres Gestrüpp, in das er geriet, zwang ihn, seinen Lauf zu mäßigen und einen Pfad zu suchen. Ungeduldig schlug er mit den Beinen um sich. ›Hier herum‹, rief jemand mit gebrochener Stimme. Bambi folgte unwillkürlich und kam sogleich an eine gangbare Stelle. Aber vor ihm richtete sich jemand mühsam auf. Es war die Frau des Hasen. Sie hatte gerufen. ›Könnten Sie mir nicht ein wenig behilflich sein?‹, sagte sie. Bambi sah sie an und war erschüttert. Ihre Hinterbeine schleiften leblos im Schnee, der, vom heiß hervortropfenden Blut rot gefärbt, zerschmolz. Noch einmal sagte sie: ›Könnten Sie mir nicht ein wenig behilflich sein?‹ Sie sprach, als ob sie gesund wäre, gelassen und fast heiter. ›Ich weiß nicht, was mir passiert ist‹, fuhr sie fort, ›es ist gewiss nicht von Bedeutung ... nur gerade jetzt ... ich kann jetzt nicht gehen ...‹ Mitten im Sprechen sank sie zur Seite und war tot.«

Bei Walt Disney flüchten Mutter und Kind, nachdem ein Schuss zu hören war. Beim zweiten Schuss ist die Mutter schon nicht mehr zu sehen. Bambi sucht sie, er ruft nach ihr. Vergeblich. Die Duschszene in Alfred Hitchcocks *Psycho* sei für ihn der Schocker der Sechzigerjahre gewesen, sagte der amerikanische Drehbuch-Autor William Goldman einmal. »Das Äquivalent der gesamten Vierzigerjahre war die Szene, als Bambis Mutter stirbt. Und dann der Satz: ›Der Mensch hat den Wald betreten.‹« Goldman beteuerte, er habe das Kino als Bekehrter verlassen: »Der Film strahlte damals und strahlt auch heute noch ein beängstigendes Gefühl von Realität aus, und das hat nichts mit der Realität zu tun, wie wir sie gerne hätten.« Der Mensch ist das Ungetüm, das Rehmütter abknallt. Goldman schrieb später Drehbücher für Thriller wie *Misery* und Klassiker wie *Die Unbestechlichen.*

Ein amerikanischer Richter im Bundesstaat Missouri hielt die Geschichte von Bambi für pädagogisch besonders wertvoll. Als er einen notorischen Wilderer und Wiederholungstäter zu einer einjährigen Gefängnisstrafe verurteilte, brummte er ihm im Jahr 2018 zusätzlich eine regelmäßige Filmstunde auf: Der Wilderer, der Hunderte Rehböcke und Hirsche allein zu dem Zweck getötet hatte, sich an ihren Geweihen zu ergötzen, musste sich einmal im Monat Walt Disneys *Bambi*-Verfilmung anschauen. Eine solche Erziehungsmaßnahme könnte der Delinquent glatt als Folter empfinden. Vielleicht sollte man sie auch den Forstökonomen angedeihen lassen, die propagieren, dass ihre Pflanzen nur durch das Abknallen von Rehen geschützt werden können.

Dieser Richter gefällt mir. Wenn ich Richter wäre, würde ich bei jagdlichen Vergehen ähnliche Strafen verhängen. Da gibt es zum Beispiel noch das Lied der englischen Punk-Band *Sex Pistols* »Who Killed Bambi«, das sich wunderbar für das Herbeiführen pädagogischer Grenzerfahrungen einsetzen ließe. Die wenigsten Bambi-Freunde wissen, dass der Text zu diesem Song von der Modedesignerin Vivienne Westwood stammt, die auch Bambi-T-Shirts entwarf. Dass sie im Gegensatz zu Roman und Film Bambi sterben lässt, muss man Frau Westwood als Akt schöpferischer Freiheit zugestehen. In der zweiten Strophe bezeichnet sie die Tötung – Jagdbehörden würden Abschuss sagen – Bambis als *das* Verbrechen des Jahrhunderts. Die heute gängige und in Lokalen, die Bier in Flaschen servieren und Menschen mit bunten Haaren und Metall in den Lippen bewirten, noch manchmal gespielte Version ist von Edward Tudor-Pole komponiert und gesungen. Bei der Aufnahme im Sommer 1978 spielte ein 45-köpfiges Orchester. Der Song klingt wie ein Marsch. Zu diesem Zweivierteltakt-Lied könnte man Delinquenten täglich eine Runde durch den Gefängnishof marschieren und dabei mitsingen lassen. Wer nicht singen kann, muss textanalytische Aufsätze über Frau Westwoods Bambi-Verse im Hinblick auf die Anpassung von Schalenwildbeständen schreiben.

Einen Bambi-Schocker der anderen Art schuf der amerikanische Kurzfilm-Animator Marv Newland 1969 mit *Bambi meets Godzilla*. Zu den Klängen aus Gioachino Rossinis Oper *Wilhelm Tell* äst Bambi friedlich auf einer Wiese und wird von einer gigantischen Pranke zertreten. Newlands Idee griffen später Politologinnen und Journalisten auf und verglichen die chinesische

Kulturpolitik mit Godzilla, der schwächere Kontrahenten niedermache.

Alle lieben Bambi. Alle? Nicht ganz. Für Forstökonomen und Jagdscheininhaber, die forstökonomisch denken, Rehe als Ungeziefer betrachten und sich in einem sogenannten Ökologischen Jagdverein zusammengetan haben, ist Bambi so lästig wie eine Zecke. Ein Funktionär des Vereins, der das Bambi-Phänomen kulturwissenschaftlich durchleuchtet hat, kommt in seiner Abrechnung mit dem Kultfigürchen zu dem Ergebnis: »Saltens *Bambi* widerlegt die populäre Metapher verletzlicher, schutzwürdiger Natur: Der wachsam-entschlossen handelnde Rehbock ist allegorisches Spiegelbild des im Praxistest gescheiterten Konzeptes selektiver Hege-Jagd.« Er zitiert einen Freiburger Forst-Professor, der den Bambi-Effekt als eine Ursache des Wald-Wild-Konfliktes ausgemacht hat. Wenn solche Förster einen Index verbotener Bücher erstellen könnten, wäre Saltens *Bambi* als Erstes verboten, weil das Tier Beschützerinstinkte hervorruft, die die Waldwirtschaft viel Geld kosten.

Unabhängig von seiner Rolle als weltberühmter Paarhufer avancierte Bambi zu einem Symbol der jugendlichen Unschuld, der Schwäche, des Liebreizes. Bei der im Jahr 2021 ausgetragenen Fußball-Europameisterschaft 2020 bekam der damals 18 Jahre alte deutsche Nationalspieler Jamal Musiala den Kosenamen »Bambi« verpasst, und sein Mannschaftskollege Serge Gnabry begründete das mit den »flüssigen Bewegungen« Musialas, der an jedem Gegner vorbeikomme. Er sei »ein lieber süßer Kerl«.

Lieb, süß, telegen. Diese Attribute machten Bambi zur wohl bezauberndsten Trophäe, die es im Medienwesen zu erwerben gibt. Mit dem Namen von Felix Saltens Reh wird der Fernsehpreis seit 1949 verliehen, zu den Preisträgerinnen und Preisträgern zählen Maria Schell, Johannes Heesters, Sophia Loren und Peter Alexander. Die Bambi-Trophäe stakst auf übermäßig langen Beinen. Das dürfte den Grund haben, dass auch Männer mit Händen groß wie Pfannkuchen, Action-Darsteller zum Beispiel, die Preisstatuette bei den Läufen fassen können und nicht beim Kragen packen. Es gäbe ein brutales Bild ab.

Abgesehen davon – das lehrt die Sage – weiß man bei keinem Reh, was wirklich in ihm steckt. Die Gebrüder Grimm sammelten neben deutschem Vokabular bekanntlich auch Märchen. In einer von diesen Geschichten wird ein Jüngling in ein Reh verzaubert. »Brüderchen und Schwesterchen« ist eins von den Märchen mit einer bösen Stiefmutter, in diesem Fall handelt es sich gar um eine Hexe. Die beiden Kinder fliehen vor der bösen Frau in den Wald, die Hexe aber verfolgt sie und belegt die Wasserquellen des Waldes mit bösem Zauber. Den Warnungen der Schwester zum Trotz trinkt der durstende Knabe aus einer dieser Quellen – und »wie die ersten Tropfen auf seine Lippen gekommen waren, lag es da als ein Rehkälbchen«. Hinter dem faulen Zauber der Hexe steckt das Kalkül, dass das Reh vom nächstbesten Jäger zur Strecke gebracht werde.

Weinend schmückt das Mädchen ihren verzauberten Bruder mit ihrem goldenen Strumpfband. Das Accessoire sollte nicht die einzige Besonderheit dieses Rehes sein. Denn zudem kann es sich perfekt artikulieren, was mit seiner Schwester eine einwandfreie Kommunikation ermöglicht, und es besitzt noch dazu die aberwitzige Kühnheit, freiwillig an einer Jagd teilzunehmen und sich von königlichen Jagdhunden hetzen zu lassen. Das nennt man Sportsgeist. Es kommt, wie es kommen muss. Das Reh wird verletzt, der König findet das Schwesterlein – und macht es stehenden Fußes zu seiner Ehefrau. »Das Rehlein ward gehegt und gepflegt und sprang in dem Schlossgarten herum.« Allein die Hexe lässt nicht ab vom Geschwisterpaar, sie verkleidet sich als Kammerzofe und ermordet die junge

Königin. Als der Spuk auffliegt, wird die junge Fraue wieder lebendig und die Übeltäterin auf den Scheiterhaufen gestellt. »Und wie sie zu Asche verbrannt war, verwandelte sich das Rehkälbchen und erhielt seine menschliche Gestalt wieder.«

In Clemens Brentanos »Märchen von Fanferlieschen Schönefüßchen«, einer von elf Erzählungen, die der Schriftsteller in Italien gesammelt und zu Beginn des 19. Jahrhunderts aufgeschrieben hatte, bekommt das sonst gern als anmutig oder scheu beschriebene Reh hier ein neues Attribut: Es versteht sich auf Naturheilkunde. Als es im Wald von einem Felsen fiel, verletzte es sich an einem Lauf und therapierte sich selbst. Es behandelte seine Verletzung mit Kräutern. Kollegial verhält sich das Reh in diesem Märchen, indem es seine medizinischen Erkenntnisse einem Vogel weitergibt.

Die Märchen und Sagen sind voll von verwunschenen Gestalten, die in Fröschen und Vögeln, Eseln und Fledermäusen zumindest bis zu ihrer Rückverwandlung durch die Welt geistern. Beim Reh kann man immerhin davon ausgehen, dass kein vormaliger Bösewicht in ihm steckt – höchstens eine arme Seele, die der Erlösung harrt. So wird es von einem niedersächsischen Jägerburschen berichtet, der laut der von Georg Schambach aufgeschriebenen Sage »nach dem Zwickenbusche bei Sievershausen auf die Jagd« ging. Er erblickte ein Reh und schoss. Doch es fiel nicht. Im Gegenteil, es sprang in die Luft und äste seelenruhig weiter. Als es auf den zweiten Schuss die gleiche Reaktion folgen ließ, kam der junge Jäger ins Grübeln und konsultierte einen Kollegen. Der ahnte, was hinter dem wundersamen Verhalten des Tieres stecken könnte: »wohl ein verwandelter Mensch«. Erst als er seine Büchse nicht nur mit einer Kugel, sondern auch mit drei Brotkrumen geladen hatte, zeigte der Schuss eine Wirkung. Das Reh schrie: »Nun bin ich erlöst.« Es war tot.

Von einem Kollegen dieses Jägers, ebenfalls ein Niedersachse, wird in der gleichen Sagensammlung berichtet, wie er um Mitternacht eins von drei prächtigen Rehen erlegen wollte, die immer zur selben Zeit aus dem Wald kamen. Allein sein Gewehr streikte, und den Jüngling ereilten Halluzinationen: »Er sah noch die Rehe dicht bei sich vorbeikommen und es war ihm, als ob ihre Gestalten in einen lichten Dunst über ihnen verschwämmen und als ob dieser drei Fräulein von wunderbarer Schönheit einhüllte.« Tags darauf wurde er gefunden, und die Leute fürchteten angesichts seines starren Blickes, er habe gänzlich den Verstand verloren. Er kam wieder zu sich, zum Jagen ging er fortan nie wieder.

REHWAPPEN

Im Sommer lüften die Menschen ihre Haut, und die Körperkunstwerke kommen zum Vorschein. Ich habe mir mal ein paar Tage lang die Mühe gemacht, beim Flanieren durch die Stadt und beim Fahren im öffentlichen Nahverkehr eine Strichliste zu führen. Bei etwa 300 habe ich aufgehört. Wenn die Motive erkennbar waren und mehr als persönliche Daten wie den Hochzeitstag oder den Geburtstag von Kindern preisgaben, habe ich viele Fratzen und Fantasiefiguren gezählt. Ungefähr 40 Prozent. Dazu zähle ich Drachen, Gnome und Schlangen mit Menschenhäuptern, die mit ihren bösen Gesichtszügen eher Angst als gute Laune verbreiten. Wer solche Schreckgestalten auf dem Unterarm trägt, wird wohl kaum ein Bambi auf dem Rücken verstecken. Sogenannte »Arschgeweihe« kommen ebenfalls häufig vor, allerdings ragen sie so üppig aus den Hosenbünden hervor, dass sie eher an einen kapitalen Rothirsch erinnern als an einen Rehbock.

Bei nur zwei Frauen habe ich ein tätowiertes Reh entdeckt. Warum das Reh ein seltenes Tattoo-Motiv ist, darüber klärt die Internet-Seite tattoomotive.net auf. Sie lässt zudem darauf schließen, dass Tätowierer nicht unbedacht drauflosstechen, sondern sich den Kopf darüber zerbrechen, was ihre Bilder sagen sollen. Die Rehe verkörpern für sie »Anmut, Schönheit, Geschwindigkeit, Wachsamkeit und Bewusstsein sowie Beweglichkeit«. Warum sie dann so selten auf den Menschenhäuten zu sehen sind, darauf haben die Urheber von tattoomotive.net auch eine Antwort: Es liegt daran, dass »viele Personen sich nicht leicht mit diesen wunderbaren Tieren identifizieren können«. Bedeutet das im Umkehrschluss, dass sich viele Personen eher in Teufelsfratzen oder Sexgöttinnen widergespiegelt sehen? Egal. Wäre ich beweglicher und schöner, würde ich mir auch ein Reh stechen lassen.

Auch Sportler identifizieren sich öfter mit Tieren. Die Fußballer von Borussia Mönchengladbach werden als Fohlen apostrophiert, ihre Kollegen vom VfL Wolfsburg überraschenderweise als Wölfe. Nach ihren Wappentieren sind die Kicker vom 1. FC Köln als Geißböcke und vom ruhmreichen TSV 1860 München als Löwen benannt. Besonders ausgeprägt ist die Vertierlichung im Eishockey-Sport, wo es ebenfalls Löwen sowie Haie, Panther, Eisbären oder Bären, Stiere, Tiger, Pinguine, Adler, Füchse und Falken gibt, wobei diese Tiere größtenteils in Deutschland nicht vorkommen, allenfalls im Tierpark. Und Rehe? Fehlanzeige. Wahrscheinlich will den Hardcore-Fans niemand zumuten, dass sie mit Bierbechern auf den Rängen stehend »Bambi vor, noch ein Tor« grölen.

Erstaunlich häufig tritt das Reh dagegen als Wappentier in Erscheinung. Erstaunlich ist das deshalb, weil der Hirsch eigentlich eine wesentlich stattlichere und somit repräsentativere Figur abgibt, wie man ja auch an den Arschgeweihen sieht. Auch das Wildschwein mit seinen mächtigen Hauern wirkt in seiner ganzen Bedrohlichkeit tendenziell imposanter als ein Reh. Wenn dem Reh als Vertreter des Niederwildes heraldische Ehre zuteilgeworden ist, spricht das für ein gewisses Ansehen dieser Tierart in der Bevölkerung – aber auch der Hase und das Rebhuhn haben es da und dort auf ein Wappen geschafft.

Wappen sind Wahrzeichen und Aushängeschilder von Personen, Gruppen oder Körperschaften, sprich Städten und Gemeinden. Oft sind sie Jahrhunderte alt. Dass Kommunen, die das Reh im Namen führen, das Tier auch in ihrem Wappen zeigen, liegt nahe. Und dabei muss es durchaus nicht immer ein Bock sein, woraus man ableiten darf, dass sich Reh-Heraldik nicht als Trophäenschau versteht. Die oberfränkische Stadt Rehau zum Beispiel hat eine springende Rehgeiß zwischen zwei Nadelbäumen im Wappen. Auch ein anderes Rehau, nämlich ein Stadtteil der schwäbischen Stadt Monheim, hat eine Rehgeiß im Wappen. Sie liegt, wie Rehe daliegen, wenn sie wiederkäuen.

Der Ort Rehungen in Thüringen führt das Haupt eines Rehbocks im Wappen, die Gemeinde Rehfelde im Landkreis Märkisch-Oderland zeigt gleich einen ganzen Bock. Das Wappen von Rehfelde entstand in den 1990er-Jahren. Der Urheber ließ sich vom Ortsnamen inspirieren. Doch auch Ortschaften, deren Namen nicht im Entferntesten nach Wildtieren klingen, haben Rehe im Wappen. Die Schweizer Gemeinde Oberlangenegg etwa, die sich die Marke ihrer Corporate Identity im Jahr 1938 entwerfen ließ: Sie war so stolz auf ihren Wald- und Wildreichtum, dass sie unter einer Tanne einen Rehbock zusammen mit einer Rehgeiß ins Wappen malen ließ. Alte Herrschaftsverhältnisse waren ursächlich für das prächtige Rehbock-Motiv, das die Marktgemeinde Neuburg an der Kammel im schwäbischen Landkreis Günzburg im Wappen führt. Kaiser Friedrich III. verlieh es dem Adeligen Ulrich von Rechberg. Zu den seltensten

heraldischen Reh-Motiven zählt das Kitz im Wappen der ober-
bayerischen Marktgemeinde Wolnzach, bei der man wegen
ihrer Lage mitten im Hopfenland eher eine Hopfendolde ver-
mutet hätte. Die Historiker rätseln, was dieses Symbol aus dem
13. Jahrhundert sagen soll. Hängt es mit der Jagd und dem Wald
zusammen? Möglich. Jedenfalls fällt auf, dass sich das Reh für
Wappenkünstler als Motiv vom Mittelalter bis in die Gegenwart
einer gewissen Beliebtheit erfreut.

Wie alle Wildtiere war das Reh ein Jagdobjekt. Rehe und
Menschen haben eine gemeinsame Geschichte, die mit Wappen und Erwähnungen in der schriftlichen Überlieferung greif-
bar wird. Ein Blick auf diese Geschichte lohnt sich. Es zeigt sich,
dass Rehe ziemlich bedeutend geworden sind im historischen
Vergleich. Vor 200 Jahren gab es noch überall in Deutschland
Rotwild. Die im Vergleich zu Rehböcken deutlich repräsentati-
veren Hirsche finden sich viel häufiger in Ortsnamen und Orts-
wappen. Heute ist diese Wildart auf wenige kleine Reservate
zurückgedrängt, sie verarmt genetisch. Rehe gibt es noch überall. So gesehen hat es die Geschichte gut mit ihnen gemeint –
bisher.

3

WIE DAS REH
WILD WURDE –
EINE HISTORIE

Kaiser Maximilian I. war ein Draufgänger, wie er im Buche steht. Er schlug sich im ritterlichen Turnier wie auf dem Schlachtfeld. Er ließ selten eine Gelegenheit aus, seine sexuelle Potenz unter Beweis zu stellen. Und er jagte, wo und wann immer er Zeit dafür fand. In seiner autobiografischen Abenteuer-Auflistung *Die Gefährlichkeiten und einsteils der Geschichten des löblichen, streitbaren und hochberühmten Helden und Ritters Theuerdank*, erschienen im Jahr 1517, zwei Jahre vor seinem Tod, wartet er in gedruckten Versen mit Erlebnissen auf, die all unsere heutigen Action-Fernsehserien wie Kindergeburtstage aussehen lassen. Ob er Bären oder Gämsen jagte, ob Keiler oder Hirsche – fast immer ging's auf Leben und Tod. Allein ein Rehbock oder ein Reh war nie dabei. Mit Rehen gab sich der Habsburger nicht ab, zumindest forderte ihn offenbar nie ein Reh zu einer Heldentat heraus, sodass es eine Erwähnung verdient hätte. Oder um es etwas härter zu formulieren: Rehe waren zu uninteressant, zu putzig, zu alltäglich für einen Kaiser.

Man darf nicht vergessen, dass die Jagd damals eine Prestigesache war. Im frühen Mittelalter durfte noch jeder Freie Mann jagen, doch mit der Zeit sicherten sich Adelige das Privileg. Die fränkischen Könige beanspruchten das Jagdrecht schließlich für sich und vergaben Jagdbefugnisse im Heiligen Römischen Reich an geistliche und weltliche Magnaten oder ließen sie sich von ihnen abringen. Aus dem Mittelalter stammt die Einteilung der Wildtiere in zwei Gruppen: in Hochwild und in Niederwild. Im Bundesjagdgesetz hat diese Abstufung als Relikt überdauert.

Zum Hochwild gehören heute neben dem Auerhuhn und seinem Hahn, dem Stein- und dem Seeadler alle in Deutschland vorkommenden wilden Paarhufer. Alle außer Rehe! Sie zählen nach heutigem Jagdrecht wie Hasen, Füchse und Fasane zum Niederwild. Rechtlich hat diese Einteilung keine große Bedeutung mehr, allein bei den Laufzeiten der Jagdpachtverträge kommt es in manchen Bundesländern darauf an, ob im fraglichen Revier dauerhaft Hirsche vorkommen. Für Hochwildreviere beträgt die Mindestlaufzeit zwölf, in Niederwildrevieren neun Jahre.

Bei Förstern kann die Unterteilung aber zu Missverständnissen führen, die dann tierschutzrechtlich bedenklich werden. Ein hochrangiger Funktionär der Arbeitsgemeinschaft »Naturgemäße Waldwirtschaft« zeigte mir einmal voller Stolz den kommunalen Wald einer größeren fränkischen Stadt. Der dort tätige Förster, der die Führung übernahm, erzählte freimütig, dass er in seinen ersten Dienstjahren die vorgegebenen Abschusspläne um 300 Prozent übererfüllt, dass er also statt 20 gleich 60 Rehe pro Jahr getötet habe. Zwar wuchsen überall junge Eichen, aber neue Tannen musste selbst er mit Schafwolle schützen. Auf die Frage, wie er in diesem dichten Wald Rehe schieße, es sei ja gefährlich, zumal mit den Spaziergängern aus der nahen Stadt, bekannte er offenherzig: »Na, mit Schrot.« Jäger, die sich der tierschutzgerechten Jagd verschrieben haben und denen ich diese Geschichte erzählte, tippten sich an die Stirn. Für sie ist der Schuss mit Schrotkügelchen auf Rehe völlig indiskutabel, ein Sakrileg. Als ich wenige Tage später auch den naturgemäßen Forstfunktionär auf die Jagdweise des Stadtförsters ansprach, entgegnete er mir verdutzt: »Was haben Sie denn, Reh ist doch Niederwild!« Da hatte der Förster wohl etwas durcheinandergebracht. Schüsse mit Schrot auf Rehe sind per Gesetz ausdrücklich verboten. Die Gefahr, dass das Tier vor dem Tod unnötig leidet, ist wesentlich höher als bei einem Schuss mit der Kugel; zudem wird das Wildbret entwertet. Wer schon mal ein mit Schrotkugeln erlegtes Reh zubereitet und sich beim Verspeisen womöglich einen halben Zahn ausgebissen hat, kann ein Lied davon singen.

Als die Privilegien in Hohe und Niedere Jagd geteilt wurden, lebten die höher privilegierten Adeligen bereits in einem Wohlstand, in dem für sie das Erbeuten wilder Tiere nicht mehr unbedingt notwendig für die eigene Ernährung und zum Überleben war. Beim einfachen Volk, bei den Unfreien zumal, die solcher Rechte entbehrten, war die Not mitunter größer. An einem Hirsch hätte sich ein ganzes Dorf satt gegessen, an einem Rehbock eine stattliche Großfamilie mit Mägden und Knechten. Es war ihnen verwehrt. Das Wildbret blieb den Vergnügungen und der rituellen Machtdemonstration der kleinen Oberschicht vorbehalten.

Wer sich eingehender mit dem Reh in der Menschheitsgeschichte beschäftigt, stößt auf wissenschaftliche Disziplinen, bei denen schon allein die Bezeichnungen Interesse wecken. Archäozoologie und Osteoarchäologie – wenn das keine bedeutenden Erkenntnisse verheißt. Die Naturwissenschaftlerin Kerstin Pasda könnte man mit Fug und Recht auch noch als Archäosoziologin bezeichnen, denn mit ihrer in Tübingen vorgelegten Doktorarbeit über *Tierknochen als Spiegel sozialer Verhältnisse im 8.–15. Jahrhundert Bayerns* ist sie in die Gesellschaftsforschung vorgedrungen. Pasda hat Essensreste untersucht, die bei Grabungen in sieben Burgen zwischen Nürnberg und Treuchtlingen sowie in einer Stadt, nämlich Regensburg, zum Vorschein kamen. Insgesamt 90 000 Knochen, die zusammen etwa 850

Kilogramm wogen, konnte sie Tierarten zuordnen. Ganze 257 Knochen ließen sich als Rehgebeine identifizieren. Das klingt nach nicht viel. Aber was heißt das? Kerstin Pasda führt diese Zahl auf eine »niedrige Bestandsdichte« des Rehwilds zurück. In dem Maß, wie die mittelalterlichen Belege über den Verzehr von Rothirsch zurückgingen, habe sich die Rehpopulation durch den zunehmenden Ackerbau vergrößert. Die Archäozoologin wagt aufgrund ihrer Zahlen und der Tatsache, dass das Reh in Jagdbüchern des Hochadels kaum genannt wurde, sogar die These, das Reh sei selten gewesen. Dabei war das Reh für Fürsten schlichtweg uninteressant. Gut möglich oder sogar sehr wahrscheinlich ist, dass man wesentlich mehr Rehknochen fände, wenn man die Gruben untersuchen könnte, in denen Bauern und anderes Landvolk ihre Essensreste entsorgten. Schnell mal ein Stück Niederwild, sagen wir ein Reh, ließ sich leichter und unauffälliger fangen und verarbeiten als ein Hirsch oder eine ganze Sau. Aber wie bei allen Ausflügen in die Geschichte tappt man beim Deuten zahlenmäßiger Trends im Dunklen, solange nicht mehr als die nackten Zahlen zur Verfügung stehen. Dass zum Beispiel im Nürnberger Burgamtsmannsgebäude die Rehknochenfunde vom 13. aufs 14. Jahrhundert von 3 auf 18 stiegen, könnte auch ganz einfach auf den banalen Umstand zurückzuführen sein, dass die Frau des neuen Burgamtmannes ein besonderes Faible für Rehbraten hatte. Weiß man's?

Begehrt waren Rehe bei der Bevölkerung nicht zuletzt, weil ihrem Fleisch und ihren Innereien heilende Kräfte zugeschrieben wurden. Hildegard von Bingen lobte die diätetische Wirkung des Wildbrets vom Reh, es beuge Verschleimungen ebenso vor wie Blähungen und Verdauungsschwächen, zudem helfe es gegen Magen-Darm-Leiden. Die Heilige hatte die heilkundliche Bedeutung vieler Wildtiere erforscht: Sie wusste um die stärkende Wirkung des Fleisches vom Igel ebenso wie um die mehr oder weniger heilende Kraft von Fuchsfett, Maulwurffleisch und Haussperlingsfilet – um nur ein paar Beispiele zu nennen. Man mag sich kaum die Feldstudien vorstellen, bei denen die Heilige im Selbstversuch oder mit kranken Probanden die einzelnen Organe von Tieren ausprobierte. Rehleber empfahl Hildegard als eine Art Anti-Krebs-Prophylaxe. »Das Reh«, schrieb sie, »ist gemäßigt und sanft und hat eine reine Natur, und es steigt gern auf Berge. Und auf den Bergen sucht es jene Kräuter, die von der dortigen Luft wachsen, und diese frisst es und verbraucht so gutes und gesundes Futter. Und sein Fleisch ist für gesunde und kranke Menschen gut.«

Die Volksmedizin hatte noch ganz andere Ratschläge. Ein Züricher Tierbuch aus dem 16. Jahrhundert ist in doppelter Hinsicht bemerkenswert. Zum einen belegt es, dass Ohrensausen die Menschen schon in einer Zeit plagte, in der es noch keine Rockkonzerte und keinen Hubschrauberlärm gab, zum anderen empfiehlt es zur Heilung eben jenes Leidens ein Organ, das es beim Reh gar nicht gibt und höchstwahrscheinlich auch vor tausend Jahren noch nicht gab: die Galle. Meinten die alten Schweizer vielleicht doch eher die Leber? Oder die Niere? Oder vielleicht sogar »die kugelförmigen Samenbehältnisse der Zeugungsglieder bey dem männlichen Geschlechte der

Menschen und Thiere«, wie das *Grammatisch-kritische Wörter-buch der Hochdeutschen Mundart* des Johann Christoph Adelung aus dem 18. Jahrhundert vermuten lässt? Um dahinterzukommen, müsste man es beim nächsten Ohrensausen auf einen Selbstversuch ankommen lassen, Tinnitus-Geschädigte wären dankbar. »Zu dem Pfeifen und Tosen der Ohren nimm Rehgalle, zerrreibe sie mit Rosenöl oder Saft von Knoblauch und wirf es also warm in die Ohren. Soll köstlich sein. Auch auf solche Weise stillet es das Zahnweh.«

Der Volkskundler Johannes Jühling hat für seine im Jahr 1900 erschienene Studie über »Die Tiere in der Volksmedizin alter und neuer Zeit« ebenfalls ein uraltes Rehgallenrezept gefunden und es im Vertrauen auf die anatomischen Kenntnisse der Urheber wortgleich übernommen, wie das »Handwörterbuch des deutschen Aberglaubens« auflistet. Es klingt ein wenig nach den Zaubereien, die William Shakespeare seine Hexen zu Beginn des *Macbeth* veranstalten lässt. »Willst du Kinder machen«, zitiert Jühling, »nimm die Galle von einem Rehbock und die Hoden von einem Fuchs, Pfeffer, Senfsamen, jedes einen Gulden schwer, und Honig 6 Lot, das mische alles und mache ein Posterei daraus und das tue in die goldene Pforte, so wird die Frau schwanger eines Knaben, ist aber, dass sie nimmt eine Geile von einem Mutterlein und nicht von dem Bock, so wird sie schwanger einer Tochter.« Für die Übersetzung ins heutige Deutsch: Mit Geile sind äußere oder innere Geschlechtsorgane der Rehgeiß gemeint, eine »Posterei« kann nur eine Kugel oder eben ein Zäpfchen sein, und mit »goldene Pforte« ist die Körperöffnung umschrieben, die für das Einführen von Zäpfchen vorgesehen ist.

Laut dem seinerzeit berühmten Salzufler Mediziner Johann Schröder war im frühen 17. Jahrhundert jede bessere Apotheke mit pharmazeutischen Reh-Produkten ausgestattet, vom Fleisch bis zu den Rehexkrementen, die bei der Therapie von Gelbsucht eingesetzt und oral verabreicht wurden. »D. Johann Schroeders trefflich-versehene Medicin-Chymische Apotheke, Oder: Hoechstkostbarer Arzeneÿ-Schatz« empfahl darüber hinaus die Rehleber, mit einem Hauch Asche versetzt, zum Stillen von Nasenbluten. Auch beim Bekämpfen von Augenleiden soll sie seinerzeit wertvollste Dienste geleistet haben, wobei die Behandlungsmethoden mit Rehleber von der oralen Zufuhr über das Räuchern der Augen damit bis hin zum Tropfen von Lebersaft in die Augen reichte. Wohlbemerkt wirkten die aus den Organen von Rehböcken hergestellten Präparate etwas stärker und besser als die von Rehgeißen.

UNTER ADELIGEN

Geht man von Jagdschriften der Frühen Neuzeit und des 19. Jahrhunderts aus, bewegte sich das Reh über Jahrhunderte hinweg zwischen Niederer und Hoher Jagd. In Territorien, wo es eine Mittlere Jagd gab, gehörte das Reh in genau diese Kategorie, in Sachsen zum Beispiel.

Für das 16. Jahrhundert hat der Schriftsteller Franz von Kobell ermittelt, dass der bayerische Wittelsbacher-Herzog Albrecht V. in 25 Jahren nur 100 Rehe erlegte. Kobell hat auch Rechnungsbücher des Klosters Tegernsee ausgewertet: Demnach wurden von 1568 bis 1580 nur 48 Rehe eingeliefert, 200 Jahre später waren es im gleichen Zeitraum 575 Rehe. Kobell berichtet von explodierenden Beständen. Im Jahr 1843 sei es in Oberbayern »nicht besonders schwer gewesen, im Mai oder Juni an einem Tage auf der Pirsch sechs bis acht gute Sechserböcke zu schießen«.

Zedlers *Universal-Lexicon* weiß aber auch von Ländern, in denen das Reh schon früh zum Hochwild zählte. Wo die Verwal-

tungen der Fürstenhäuser jagdliche Verzeichnisse anlegten und
Listen über erlegte Tiere führten, spielen Rehe dennoch stets
eine Nebenrolle. Die Fürsten ließen lieber Hirsche und Wildschweine hegen. Wir wissen es schon vom Habsburger Maximilian I.: Einen standesgemäßen Zeitvertreib und so etwas wie
Nervenkitzel hatten die hohen Tiere aus den Fürstenhäusern
nur mit besonders stattlichen oder besonders gefährlichen Op-
fern zu gewärtigen. Der Historiker Martin Knoll hat in seiner
Doktorarbeit *Umwelt – Herrschaft – Gesellschaft* die landesherr-
liche Jagd Kurbayerns im 18. Jahrhundert untersucht und unter
anderem eine Reihe von Streckenlisten ausgewertet. Ein paar
Beispiele zeigen, worauf die Jagdgäste am häufigsten zielten.
Zwischen dem 11. und dem 24. November 1729 begab sich der
kurfürstliche Hof für mehrere Tage auf Jagdtour, zusammen mit
fürstlichen Freunden und Verwandten, die ebenfalls ihren Hof-
stab im Gefolge hatten. Insgesamt einhundert Personen jagten,
ein Vielfaches an Hilfskräften, nämlich 1270 Frauen und Männer, Küchenjungen und Jägerhilfsburschen nicht mitgezählt, zogen mit, dazu noch 287 Pferde. Man jagte nicht nur, zwischendurch gönnte man sich auch mal eine Wallfahrt. Am Ende aber
enthielt die Streckenliste 506 Wildschweine und 60 Stück Rotwild. Rehe wurden nicht verzeichnet.

Sechs Jahre später erlegte die Jagdgesellschaft im fast gleichen Zeitraum 1105 Sauen, von Rehen ist wieder nicht die Rede.
Rehe als Beute sind jedoch im Jahr 1749 registriert: 351 Wildschweine kamen zur Strecke, 17 Hirsche wurden lebend gefangen, erlegt wurden 41 weibliche Stück Rotwild, zwei Rotwildkälber, je drei Füchse und Hasen – und 41 Rehe. Das Zeitalter der
Aufklärung nahte. Niederwild war es nun nicht nur wert, dass
man es bejagte, sondern dass man es dann auch aufschrieb. Die
zahlenmäßige Minorität der Rehe bei Fürstenjagden spiegelt
sich auch in den Streckenlisten der Salzburger Erzbischöfe in

den Forsten von Mühldorf am Inn: Neben 53 Hirschen, darunter 29 Vierzehnendern, lagen im Jahr 1690 zwei Rehböcke und drei Kitze.

Es ergeben sich aberwitzige Summen, wenn man die Ausgaben der Fürstenhöfe für die Jagd von der Haltung riesiger Hundemeuten über das Jagdpersonal in Amtsstuben und im Wald selbst bis hin zur Ausrüstung und zur Pflege der Jagdanlagen zusammenzählt. Zudem bürdeten die Jagdherren ihren Untertanen enorme Lasten auf: Die Landmenschen mussten dulden, wenn Wildschweine ihre Felder umpflügten und wenn sich Hirsche an ihren Ackerfrüchten gütlich taten. Das Wild musste ja bis zur nächsten Jagd gut im Saft stehen. Mancherorts durften sie ihre landwirtschaftlichen Flächen nicht einmal durch Zäune schützen, und hielten die Bauern Hunde, die äsende Wildtiere hätten verscheuchen können, mussten sie mit ernsthaften Problemen rechnen. Die Jagd, wie sie im Absolutismus praktiziert wurde, barg sozialen Zündstoff. Zu allem Überfluss mussten die Untertanen Jagdfron leisten und sich als Treiber und Fuhrleute einspannen lassen, wenn der Landesfürst zur Jagd blasen ließ. Wer nicht erschien zu diesem Scharwerk oder zu spät kam, galt als ungehorsam und musste Strafe zahlen. Ebenso wurden bäuerliche Hundehalter zur Kasse gebeten, die ihren Hunden keinen hölzernen Knüppel, einen Prügel, angekettet hatten, damit er keinem Wild nachstellen kann – daher kommt die Redewendung vom »geprügelten Hund«.

Martin Knoll führt eine Reihe bedeutender Autoren an, die sich überaus kritisch über eine gewisse Dekadenz äußerten, die bei den Jagden und auch in der Überhege, einer regelrechten Freilandzucht von Rot- und Schwarzwild, zum Ausdruck kam. Der Staatsjurist und Schriftsteller Veit Ludwig von Seckendorff klagte die »sündlichen Kurzweilen« der Jagd an, mit denen sich deutsche Fürsten »die meiste Zeit« beschäftigten und am

Ende »die Untertanen mit steten Jagdfronen von ihrer Nahrung« abhielten oder sie bei ihren hochriskanten Jagden gleich
in Todesgefahr brachten. Keiler und Bachen etwa können mit
ihren mächtigen Eckzähnen tödliche Verletzungen herbeiführen. Von einem besonders kühnen Bauern namens Hans Eisengreyn berichtet Knoll aus dem frühen 17. Jahrhundert und lässt
ihn von einem »spektakulären Konfliktaustrag« sprechen. Als
der Pfälzer Kurfürst Friedrich IV. und sein Gefolge auf Eisen-
greyns Rübenacker Hasen jagten, trat der Bauer auf den Plan
und hielt seinem Landesherrn eine Standpauke. Bei seinen ver-
balen Attacken blieb es nicht, Eisengreyn holte aus, um dem
Kurfürsten einen Säbelhieb zu verpassen. Der Bauer landete im
Kerker.

Heute dürfen Waldbesitzer ihre Bäumchen, die sie pflanzen,
vor den Rehen schützen. In vielen Fällen erhalten sie sogar För-
dergeld dafür. Wie eine Ironie der Geschichte kommt es mir vor
diesem Hintergrund vor, dass viele von ihnen auf diesen Schutz
lieber verzichten und stattdessen die Tötung der Tiere fordern,
die ihren Plantagen gefährlich werden könnten. Dazu mehr in
Kapitel fünf.

Wie heute standen Wildtiere auch früher unter dem Schutz
des Strafrechts. Im 16. Jahrhundert müssen wildereiliche Eska-
paden regelrecht ausgeufert sein, denn in Bayern sah sich der
Herzog veranlasst, mit der Todesstrafe zu drohen. Man solle die
Täter »an den nechsten Baum hencken«, so lautete ein Befehl.
Wie oft Wilderer hingerichtet wurden, ist nicht überliefert. Statt
der Todesstrafe wurden in der zweiten Hälfte des 16. Jahrhunderts jedoch manche Delinquenten nicht nur des Landes verwiesen, sondern als Sträflinge auf Galeeren geschickt. Die See-
republiken Venedig und Genua waren dankbare Abnehmer. Die
Obrigkeit sorgte sich gleichzeitig wegen der Zunahme des Waf-
fenbesitzes, andererseits billigte sie die Jagd auf Wölfe.

Der Codex *Iuris Bavarici Criminalis* aus dem Jahr 1751 unterschied keineswegs zwischen den Tierarten, als er die Strafen für Wildschützen und Wilddiebe festlegte. Hier wiederum wurde deutlich differenziert: Wildschützen mussten mit der Enthauptung oder mit dem Tod am Galgen rechnen, wenn sich ein Förster oder ein befugter Jäger von ihnen bedroht fühlte. Als »gemeine Wilddiebe« bezeichnete dieses Gesetz Personen, die auf ihren Feldern oder in ihren Gärten Wild »vorsätzlich und in eigennütziger Weise« nachstellten und es ohne den Einsatz von Schusswaffen zur Strecke brachten. Sie erwartete eine Geldstrafe. Wer unberechtigt auf fremdem Grund jagte, für den sah der Kurfürst eine »ergiebige Schandstrafe« sowie eine Haft »in Eisen und Banden« bei »geringer Atzung«, das heißt bei Wasser und Brot, vor. Die Jagdrechtsparagrafen enthalten waffenrechtliche Bestimmungen, die entfernt ans heutige Waffengesetz erinnern. Schon im 18. Jahrhundert war das Führen einer Waffe nur einem definierten Personenkreis erlaubt. Wie der Wert von Rehen eingestuft wurde, lässt sich indes aus Paragraf 14 erschließen: Wer einem Wilderer einen Hasen abkaufte und dabei erwischt wurde, musste dem Oberjägermeisteramt zwei Reichsthaler Strafe zahlen, für einen Fasan waren sechs Reichsthaler fällig, für Fleisch vom Rothirsch zwölf und für Wildschwein 20 Reichsthaler. Das Reh lag mit sechs Reichsthalern wieder mal in der Mitte. Wer dem Oberjägermeisteramt hingegen Wilderer meldete, durfte mit einer Belohnung von bis zu fünfzig Gulden rechnen.

So wenig der Hochadel ernsthaft Notiz von Rehen nahm, so viel Leid blieb ihnen dadurch im Vergleich zu anderen Tierarten erspart, die jagdlichen Vergnügungen dienen mussten. Füchse, Dachse und Hasen zum Beispiel konnte es ganz übel erwischen. Die Tiere wurden gefangen und eigens für die Belustigung der Hofmenschen gehalten.

Selbst mit einer düsteren Fantasie kann man sich schwerlich vorstellen, an welch bestialischen Schauspielen sich Frauen und Männer ergötzen konnten. Wobei hier nicht die Tiere bestialisch waren, sondern die Menschen. In Heinrich Wilhelm Döbels Handbuch *Jäger-Practica oder Der wohlgeübte und erfahrne Jäger*, erschienen im Jahr 1746, wird von einem »Fuchsprellen« berichtet, wie es an den Höfen dieser Zeit zum Pläsier der Hofgesellschaft und ihrer Gäste populär war. Dazu fing man in der Natur Füchse, Dachse, Frischlinge, Hasen, Marder, Biber, Fischotter und Wildkatzen. Am Fuchsprell-Tag wurden sie in die Manege getrieben, wo mehrere Prellerteams platziert waren. Jedes Prellerteam bestand aus zwei starken Männern, die sich mit Riemen an einem etwa fünf Meter langen Tuch zu schaffen machten, und immer wenn eines der armen Tiere in panischer Flucht auf eines dieser Tücher lief oder sprang, mussten die Männer es so schnell und so heftig spannen, dass die Tiere bis zu drei Meter in die Höhe schnellten und zu Boden plumpsten. Je höher ein Fuchs flog, desto erfolgreicher waren die Fuchspreller. »Die Dachse und Frischlinge prellen sich wegen ihrer Schwere so gut nicht; die Katzen aber bleiben öfters an den Prellen kleben«, berichtet Döbel. Wenn alle Tiere tot waren, gab es ein Festmahl. Döbel nennt es ein »sonderliches Plaisir« und »eine vollkommene Leibesübung und Motion«.

Dass bei einer aus heutiger Sicht so fragwürdigen Sportvergnügung einmal Rehe mitmachen mussten, wurde Döbel nicht zugetragen. Aber seine Schilderung verdeutlicht, wie sich die Einstellung der Menschen zu den Tieren verändert hat. Heute benennt das Gesetz sie als Mitgeschöpfe.

Die Jagdmethoden der Frühen Neuzeit sind längst verboten und geächtet. Im 18. Jahrhundert war es noch üblich, dass man Rehe einfing. Dazu gab es eigens geknüpfte Rehnetze, mit denen die Tiere großflächig bejagt werden konnten. Johann Heinrich Zedlers *Universal-Lexicon* gibt ausführlich Tricks der Netz-jagd preis. Demnach wurde Rehen vor allem gleichzeitig mit Hasen und Füchsen nachgestellt. Die angestellten Jäger hatten immer die Aufgabe, die Rehe einem, wie es im Zedler heißt, »großen Herrn« vor das Gewehr zu jagen. Schoss er nicht, son-dern ließ er es lieber einfangen, standen eigens für Rehe ent-wickelte Transportboxen bereit, sogenannte Rehkästen. Der Ge-brauch dieser Behältnisse war so gängig, dass sie in mehreren Lexika und Wörterbüchern beschrieben wurden. Ihr Deckel war oben mit einer Textilschicht zu versehen, damit sich die Tiere nicht verletzten oder gar das Genick brachen. Bei Zedler kommt eine für diese Zeit ungewöhnliche Form von Tierliebe zum Aus-druck: »Dieweil aber die Rehe ein weichliches, zartes Leben ha-ben, und wenn sie eingefangen und in den Kasten getan wer-den, darinnen springen und sich stoßen und in kurzer Zeit dahinfallen, ist höchst nötig, dass man den Deckel oben mit Bar-chent oder doppeltem Zwillich an beiden Enden fest überzieht.« Sogar zur optischen Gestaltung solcher Transportkisten gab es laut Zedler genaue Vorgaben: »Der Kasten muss mit grüner Öl-farbe angestrichen, auch an denselben Rehböcke und Rehe ge-malt werden.«

Zu Beginn des 19. Jahrhunderts wurde nicht mehr nur zwi-schen Nieder- und Hochwild unterschieden, sondern offiziell auch zwischen nützlichen und schädlichen Tieren. Die *Zeit-schrift für das Forst- und Jagdwesen in Baiern* listete im Jahr 1814 in einem »Schussgeldausweis« die Bonuszahlungen an das Jagd-personal auf, wonach Rehe zum »Nützlichen Wild« zählten und ein Bock dem Schützen 45 Kreuzer einbrachte, ein Schmalreh 36 Kreuzer und ein Kitz 24 Kreuzer. Zum Vergleich: Für einen Keiler, ebenfalls nützliches Wild, gab es ebenso drei Gulden wie für einen Rothirsch. Von den sogenannten Schädlingen brachte der Fischotter mit ebenfalls drei Gulden den höchsten Schusslohn ein. Das Kopfgeld auf den Otter führte schließlich zu seiner Ausrottung in weiten Teilen Deutschlands. Inzwischen ist er bald flächendeckend wieder präsent – was wiederum schon zum Teil erhebliche Auswirkungen auf die Restbestände gefährdeter Fischarten gezeitigt hat. Wird es der Mensch jemals schaffen, die Natur so zu beeinflussen und zu nutzen, dass eine Balance entsteht, in der alle Arten durchkommen?

Die Rehe schauten den jagdlichen Großinszenierungen der Herrscher als Nebenfiguren zu. Sie pflügten weder Felder um wie die Sauen, noch gingen sie an den Früchten zu Schaden wie die Hirsche. Eigentlich waren sie die ideale Beute für Wilderer – ergiebiger im Fleisch als ein Hase, leichter und schneller zu verstecken als ein Wildschwein oder ein Hirschkalb. Und man brauchte nicht einmal ein Gewehr, um eines Rehes habhaft zu werden. Als überaus fängig erwiesen sich Schlingen, die man unauffällig im Wald aufziehen konnte. Wilderer benutzen sie noch heute. Auf den Nachrichtenportalen von Jagdzeitungen werden in trauriger Regelmäßigkeit Polizeimeldungen über solche Vorfälle veröffentlicht.

UNTER WILDERERN

Am eindrucksvollsten schildert der Förster und Jäger Oskar von Riesenthal 1880, wie begehrt Rehe bei Wilderern waren. In seinem Wald-und-Wild-Klassiker *Das Waidwerk. Handbuch der Naturgeschichte, Jagd und Hege* heißt es: »Von allem Haarwild, was auf Schalen zieht, ist keines so gefährdet, als das Reh; sein Wildpret findet stets gierigste Abnahme ob vom Händler oder Wilderer, es ist leicht zu pürschen, noch leichter in den fluchwürdigen Schlingen zu fangen.« Riesenthal kannte die perfidesten Methoden der Wilddiebe. Eine davon war, ein Kitz zu fangen und das

Tier so lange zu quälen, bis es Fieplaute von sich gab – und damit die Mutter herbeilockte. Dann hatte der Wilderer leichtes Spiel, sie zu erlegen. Riesenthal hielt solche Täter für »die menschliche Gestalt entehrende« Scheusale. Für ausgelegte Rehschlingen hatte er ein Auge. Man finde sie nicht leicht, »doch bei einiger Praxis umso besser«. Der Anblick zusammengebundener Büsche und abgeknickter Zweige löste schon Alarm aus bei ihm. Für alles Weitere hatte Riesenthal einen kriminalistischen und beinahe minutiösen Ablaufplan. Entdeckte er ein bereits verendetes Reh in einer Schlinge, holte er zu Hause Verstärkung und legte sich dann auf die Lauer – mit Proviant, Revolver, der passenden Munition und einem Messer. Dass die Täter irgendwann kommen mussten, war klar, denn »der Wilderer lässt seine Beute nicht verderben«. Es galt, den Moment zu nutzen, in dem der Unhold das Reh aus der Schlinge löste. »Nun beim geringsten Zeichen von Widersetzlichkeit kein Federlesen gemacht; ein Thor, wer auf den ersten Schuss, auf die erste Stich- und Hiebwunde wartet und wer glaubt, der Wilderer sei waffenlos!«

Über Wilderer existieren die tollsten Heldengeschichten. Gerade im Zeitalter des Absolutismus galten viele von ihnen als ehrbare Rebellen gegen das Unrecht, das dem einfachen Volk durch die Jagdeskapaden des Adels widerfuhr. Jäger galten als Schergen der Obrigkeit, Wilderer als ihre gerechten Widersacher. Wurden Wilderer erwischt, hatten sie eine empfindliche Strafe nicht nur wegen des Entwendens einer Sache zu gewärtigen, die ihnen nicht zustand, und schon gar nicht wegen des Tötens von einem Wildtier, sondern vor allem wegen Ungehorsams gegenüber ihren Herrn und Fürsten. Prozesse wegen erlegter Hirsche und Rehböcke gehörten in der Frühen Neuzeit zum Gerichtsalltag. Und oft kamen bei den Auseinandersetzungen im Wald auch Menschen um, hier ein Wildschütz, dort ein Jäger. In den 1720er-Jahren appellierte der kurbayerische

Oberstjägermeister an seinen Landesherrn, endlich entschiedener gegen Wilderer vorzugehen; innerhalb von vier Jahren seien unter seinen Jägern fünf Todesfälle zu beklagen gewesen.

Diese Stereotypen vom guten Wilderer, der wie Robin Hood den Reichen nimmt und den Armen gibt, und vom bösen Jäger haben lange Zeit und weit über die große Zäsur bei der Jagdgesetzgebung im 19. Jahrhundert hinaus überdauert. Die Adeligen verloren ihre Privilegien, das Jagdrecht war fortan an Grund und Boden gebunden. Gewildert wurde weiterhin. Geschichten wie jene in der lokalhistorischen Zeitschrift *Das Mühlrad* finden sich in nahezu allen heimatkundlichen Periodika: Berichtet wird von einem tödlichen Wilderer-Anschlag anno 1875 in einem Wald nahe Polling bei Mühldorf am Inn. Eine Corona von Jägern aus Tüßling war an einem Wintertag zur Pirsch ausgerückt, als es in gar nicht weiter Ferne krachte. Ein Schuss. Die Jäger sahen gerade noch, wie ein Reh zusammenbrach; und nur wenige Augenblicke später lief ein Mann aus dem Dickicht, der Schütze, und trug die Beute davon. Zwei der Jäger, ein Metzger und ein Forstgehilfe, eilten los zu der Stelle, an der das Reh niedergegangen war. Der forsche junge Forstgehilfe ließ sich nicht bremsen in seinem Eifer, den Wildschützen zu stellen. Da krachte es auch schon. Er starb, seine letzten Worte sind jetzt im *Mühlrad* verewigt: »Jesus, Maria, mit mir ist's aus.« Der Metzger konnte sich mit einem Sprung zur Seite vor einer weiteren Schrotgarbe aus der Wildererflinte retten. Die Täter fasste man nach kurzen polizeilichen Ermittlungen und Hinweisen eines aufmerksamen Bauern, die erlegte Rehgeiß wurde tags darauf sichergestellt. Der Todesschütze wurde zum Tode verurteilt und später begnadigt. Dabei hatte er sich im Gerichtssaal schon mit seinem Schicksal abgefunden. »Jetzt werde ich noch um einen Kopf kürzer gemacht und bin eh nicht groß«, soll er gesagt haben.

Beim bloßen Verdacht, dass Wilderer unterwegs seien, wählte Riesenthal andere Mittel. Solchen Verdacht schöpfte er, wenn sich Rehe außergewöhnlich ängstlich und scheu verhielten. Statt es zu erlegen, machte er das Wild lieber noch ängstlicher, indem er es durch schnelle Bewegungen erschreckte und in die Verstecke trieb.

Bemerkenswert ist die Tatsache, dass die Interessen privater Waldnutzerinnen und Waldnutzer schon vor 200 Jahren manchmal mit den Bedürfnissen der Wildtiere kollidierten. Forstmann Riesenthal riet seiner Leserschaft, »alle Gras-, Beeren- und Pilzesucher zur Setzzeit aus dem Walde« zu jagen. Und überhaupt, die Grassucherinnen! »Manches Weib trägt in ihrem Grastuch ein erwürgtes Rehkälbchen mit fort – und je heiliger das Aussehen, desto bedenklicher!« Wilderer mussten nicht immer männlich, schwer bewaffnet und gewaltbereit sein. Hier aber war es für Riesenthal geboten, dass »der Jäger die raue Außenseite herauszukehren hat, die deshalb noch keine rohe zu werden braucht«.

Den Forstmann, Schriftsteller und Ornithologen Oskar von Riesenthal darf man wohl zu den wichtigsten Vorreitern der tierschutzgerechten Jagd zählen. Mit seinem reichen Wissen und seiner Art, es zu vermitteln, stieg er in der zweiten Hälfte des 19. Jahrhunderts zum königlich-preußischen Oberförster auf. Seine Haltung gegenüber den Tieren drückt sich am besten in seinem dreistrophigen Gedicht aus, dessen erste vier Verse jedes Etikett einer erfolgreichen deutschen Kräuterlikör-Marke umrahmen.

> Das ist des Jägers Ehrenschild,
> daß er beschützt und hegt sein Wild,
> waidmännisch jagt, wie sich's gehört,
> den Schöpfer im Geschöpfe ehrt.

Das Kriegsgeschoß der Haß regiert,
Die Lieb' zum Wild den Stutzen führt:
Drum denk' bei Deinem täglich Brot
Ob auch Dein Wild nicht leidet Noth?

Behüt's vor Mensch und Thier zumal!
Verkürze ihm die Todesqual!
Sei außen rauh, doch innen mild,
Dann bleibet blank Dein Ehrenschild!

Das Gedicht trägt den Titel »Waidmannsheil« und ist zwischen Titelblatt und Vorwort von *Das Waidwerk* gedruckt. Riesenthal forschte intensiv über Raubvögel, eine Schwäche hatte er aber zweifellos für Rehe. »Kaum eines unserer Säugetiere«, schrieb er, »kann sich eines so graziösen, schlanken und schmiegsamen Leibes rühmen wie unser Reh, keins hat solch fesselnden Ausdruck in den großen schwarzen Lichtern wie dieses.« Die Schilderungen des preußischen Försters spiegeln eine Haltung zu den Tieren, die sich erst in seinem Jahrhundert und in der Romantik etabliert hatte. Vergleicht man sie mit dem, was heutige Forstökonomen über Rehe verbreiten, kommen diametral unterschiedliche Sichtweisen auf Tiere ans Tageslicht. »Eine Ricke und ihre Kälbchen, die Sorge und Aufopferung, mit der sie die reizenden Geschöpfe bewacht und anleitet, bieten zusammen ein so fesselndes, ans Herz gehendes Bild, dass nur ein hoher Grad von Rohheit zu deren Schädigung Hand anlegen mag; die ganze Erscheinung stellt die Tiere von selbst unter den Schutz des Menschen.« Selbst ein Rehbock erfreue manches Jägerherz mehr »als der oft billige Schuss«. Sentimentale Flausen wie diese werden Forststudenten heute schon im ersten Semester ausgetrieben.

Das Verhältnis der Menschen zu Wildtieren hat sich im Lauf

der Frühen Neuzeit grundlegend verändert. Bis zur Aufklärung standen sich, wenn man so will, zwei Bestien gegenüber: die Bestie Mensch, die das Wildtier als Bestie betrachtete, bestialisch behandelte und das Malträtieren als Vergnügen empfand. Rehe waren als Objekte großer Hetzjagden zu gewöhnlich, mein Gott, was ist schon ein Rehbockgehörn neben einem Hirsch! Und für höfische Tierfolterfestivitäten war es zu anmutig. Im 19. Jahrhundert, als die Menschen anfingen, die Natur zu genießen, rückte diese Anmut stärker ins Bewusstsein. Die Wissenschaft entdeckte das Reh. Es wurde Zeit, dieses Tier unter die Lupe zu nehmen. Was man entdeckte, war ein Faszinosum.

4

BIOLOGIE

Als Kind habe ich gelernt, dass ein relativ strenger älterer Herr uns Menschen erschaffen hat. Die Tiere und die Pflanzen auch. Innerhalb von sieben Tagen. Die Kindergärtnerin sprach vom »Lieben Gott«, die Großeltern vom »Herrgott« oder vom »Himmelvater«. Wobei mein Großvater vermutlich Angst hatte, diesem Herrgott einmal zu begegnen, denn ihm selbst, dem Großvater, war eingetrichtert worden, dass der Herrgott streng sei und beim Jüngsten Gericht alle Sünden bestraft würden. Er betete in seinen letzten Lebensjahren bis zur Erschöpfung Rosenkränze, und er zählte mit, wie viele er geschafft hatte. Meine Großeltern wollten mir das weitergeben, was sie selbst als Kinder geprägt hatte. Sie waren in Bayern in einer Zeit aufgewachsen, in der die Aufklärung noch lange nicht in alle Dörfer vorgedrungen war. Aufklärung war ihnen so fremd wie Feminismus und sexuelle Revolution. Wobei man, wie ich an meinen Großeltern sah, auch ohne sexuelle Revolution ein Leben in Zufriedenheit führen kann.

Sie glaubten ans Fegefeuer. Ich auch. Doch ebenso glaubten wir an Engel. Und an Schutzengel. Das wiederum war – im Gegensatz zur Fegefeuerangst – ein schöner Glaube. Und ein einfacher. Ein Glaube, der klar zwischen Gut und Böse unterschied. Zwischen Gott und Teufel. Zwischen Paradies und Fegefeuer.

Wenn ich nachts draußen sitze, mit der Wärmebildkamera Rehe betrachte und müder und müder werde, ohne es zu merken, werde ich manchmal zum Kind. Weil ich der festen, festen, festen Überzeugung bin, dass es paradiesisch ist, wenn die Menschen schlafen und die Tiere in Ruhe lassen. Ich bin als recherchierender Journalist zum lernenden Jäger und vom Jäger zum staunenden Tierbeobachter geworden. Stundenlang kann ich sitzen und schauen. Im Sommer schützt mich Lavendel gegen Mücken, im Winter ein dicker Lodensack gegen die Kälte. Ich habe mir eine Wärmebildkamera angeschafft. Als ich sie abholte, sagte ich zum Händler: »Jetzt wird sich mein Leben ändern.« Ich meinte das als Scherz. Der Händler schaute mich sehr ernst an. »Du lachst jetzt«, sagte er, »aber das ist wirklich so. Du kannst nicht mehr nach Hause gehen.« So ist es. Es ist sehr schwer, sich loszureißen von dieser Paradiesbeobachtung. Hasen liefern sich Wettrennen um die Gunst der Häsin, Dachse graben sich ein Loch, um dann ihre Notdurft darin zu verrichten, Eulen ziehen geräuschlos ihre Kurven. Und Rehe äsen und entspannen sich.

Rehe krönen jede meiner nächtlichen Naturandachten. Zum Engel fehlen dem Reh eigentlich nur Flügel. Wenn sie morgens aus den Feldern auf die Wiese ziehen und wenn dazu vielleicht noch der Bodennebel ihre Läufe umhüllt, könnten die holdseligsten Fabeljungfern aus dem Fantasyroman nicht anmutiger tanzen. Und nachts im Bild der Wärmebildkamera sind die Umrisse der Rehe klar, aber zart konturiert, ihre Körper weisen an manchen Partien leichte Schatten auf. Man muss sich dieses Bild vorstellen wie eine Tierstudie von Albrecht Dürer, haargenau so sehen die Rehe mit dieser Wärmebildtechnik auch aus – nur eben noch lebendiger. Perfekter – Dürer als Animationsfilm.

Biber bewegen sich an Land wie Tolpatsche fort, Füchse wuseln wie vierbeinige Tausendfüßler durch die Gegend. Man nennt diesen Fortbewegungsstil Schnüren, wohl weil Füchse laufen wie am Schnürchen gezogen. Man muss sich das wie bei den Autos von Carrera-Bahnen vorstellen, nur dass Füchse öfter mal die Richtung ändern. Hasen hoppeln auf ihre putzige Hasenart. Der Dachs rollt wie eine prall gepackte Reisetasche auf vier Rädern über die Wiese. Die Fortbewegung des Rehs aber ist ein Gleiten mit unregelmäßigem Bodenkontakt. Füchse schnüren, Hasen hoppeln, Rehe ziehen. Bei ihnen ist jeder Bodenkontakt nur ein dezentes und großzügiges Zugeständnis an die Schwerkraft.

Jeder Muskel, jeder Knochen im Skelett ist so eingerichtet, dass es vollendet wirkt. Betrachte ich Rehe, wenn sie sich besonders unbeobachtet fühlen, könnte ich niederknien. Vergöttere ich Rehe? Nein. Aber die Momente mit ihnen machen mich manchmal religiöser, als ich bin. Auch wenn ein Reh tot vor mir liegt. Ich habe tote Rehe schon oft gestreichelt, ich konnte nicht anders. Keine Sorge, Blutopferfantasien sind mir fremd, aber vielleicht gibt es da eine Verbindung, die in den Anfängen des Menschen wurzelt: Religion ist so archaisch wie das Erbeuten von Tieren.

Wo wir gerade bei der Religion sind: Peter Wohlleben wird gern als Wald-Papst verehrt oder zumindest apostrophiert. Er organisiert inzwischen auch Symposien, in denen Forschende mit allerlei Aktivistinnen und Aktivisten diskutieren. Stramme Forstökonomen treffen auf militante Tierschützerinnen und auf Jäger. Ein Panel trug zuletzt den Titel »Sind Rehe die neuen Borkenkäfer?« Weil ich sehr müde war, als ich das las, fragte ich mich, ob ich das letzte Augenzwinkern der Evolution verpasst hatte. Wenn Rehe jetzt Käfer sind, dachte ich mir, was sind dann wir Menschen? Dabei wollte Wohlleben einfach nur Aufmerksamkeit erregen. Rehe als Borkenkäfer – was für ein Gag!

Nein nein, das Reh ist ein Säugetier geblieben. Also ein Geschöpf irgendwo zwischen Engel und Insekt. Das Einzige, was mich bei den Rehen manchmal an Insekten erinnert, sind ihre Lauscher. Wie das Reh sein Ohr bewegt, wenn es feinste Geräusche zu orten versucht, erinnert mich an die Fühler von Insekten. Es kann seine Ohrmuschel in nahezu alle Richtungen drehen, um Schallwellen einzufangen.

Zoologisch betrachtet ist das Reh ein Trughirsch. Wie der Elch und das Rentier übrigens auch, mit denen es folglich näher verwandt ist als mit Rothirschen. Auch wenn die Bezeichnung Trughirsch nach einem Schelmengeschöpf klingt, hat sie überhaupt nichts mit dem Verhalten zu tun. Dass Rehe zur Familie der Hirsche zählen, die wiederum in die Ordnung der Paarhufer und die Unterordnung der Wiederkäuer gehören, liegt auf der Hand. Im Gegensatz zu sogenannten Echten Hirschen aber, zu denen neben Rothirschen auch Dam- und Sikahirsche zählen, fehlen in Reh- und Elchfüßen Knöchelchen, die das Skelett Echter Hirsche aufweisen.

Frühere Wildbiologen bezeichneten das Reh sogar als »Rehhirsch«. Gemäß dem *Jagdkatechismus* von Stephan Behlen aus dem Jahr 1827 galt das Reh als eher schwächlich. »Die Organisation des Rehes ist unter dem ganzen Hirschgeschlechte die am wenigsten lebenskräftige; das Reh ist munter und listig.« Mir scheint, dass Autoren biologischer Literatur die Zeugnisbemerkungsprosa von Grundschullehrerinnen und Grundschullehrern des späten 20. Jahrhunderts vorwegnahmen. Meine Zeugnisse lesen sich in ihrer Diktion ähnlich.

Jäger haben Tiere irgendwann nach ihrem Fluchtverhalten klassifiziert. Die Rot- und Damhirsche bekamen den Stempel »Läufertyp«. Das Reh ist zwar auch recht flott unterwegs, wenn es drauf ankommt – also wenn es Gefahr wittert. Aber es versteckt sich dann auch sehr schnell, sobald es einen Unterschlupf erreicht hat. Deswegen wird es dem »Schlüpfer- und Duckertyp« zugerechnet. Wobei mir der Begriff »Duckertyp« eher aus dem bayerisch-österreichischen Sprachraum zu kommen scheint. Er wird wohl auch weniger Missverständnisse hervorrufen als der Ausdruck »Schlüpfertyp«. Im Bairischen sage ich »Duck di!«, wenn ich einer anderen Person nahelege, sich vor dem Entdecktwerden beim Versteckspielen oder gar vor einem Schuss in Sicherheit zu bringen. Eine standarddeutsche Entsprechung – außer der umständliche und doch nur auf einen Körperteil bezogene Appell »Zieh den Kopf ein« – ist mir unbekannt. Das Reh ist ein Meister im Ducken.

Die Schlüpfer-/Duckersache hängt auch mit dem Körperbau zusammen. Die Kruppe, also die Beckenpartie, ist höher als der Widerrist, die Schulterpartie. Das bedeutet, dass die Hinterbeine wesentlich stärker ausgebildet sind als die Vorderbeine. Bei uns Menschen sind die Beine ja in der Regel auch länger als die Arme und die Becken stärker ausgeprägt als die Schultern. Wobei das Reh vom Menschen so weit entfernt ist wie vom Borkenkäfer.

Rehe haben ja keine Beine, sondern Läufe. Zwei Vorderläufe, zwei Hinterläufe, sofern sie nicht vom Mähwerk eines Landwirts dezimiert wurden. Die Jägersprache hat für die meisten Körperteile ein eigenes Vokabular. Seltsamerweise machen sich Förster, die sich für besonders progressiv halten, einerseits genau darüber lustig, weil es überkommen und weltfremd sei. Doch andererseits ätzen sie bitter, wenn Tiere wie Rehe vermenschlicht werden. Ich vermenschliche weder Rehe noch ihre Extremitäten, deshalb verwende ich die Jägerbezeichnungen, die auch von vielen Zoologen übernommen wurden.

VON LAUSCHERN UND ÄSERN –
EIN GLOSSAR

Ein kleines Glossar vorneweg: Ohren, das haben wir schon gehört, sind Lauscher. Für alles Olfaktorische ist der Windfang zuständig. Das Reh sieht nicht mit den Augen, vielmehr äugt es
mit seinen Lichtern. Diese Lichter äugen nicht aus dem Kopf,
sondern aus dem Haupt, und das Haupt wiederum sitzt auf dem
Träger. Denn der Träger ist der Hals. Seine Nahrung nimmt das
Reh mit dem Äser auf. Deswegen frisst oder isst es nicht, sondern es äst. Selbstverständlich enthält der Äser eine Zunge, die
das Reh unter anderem zur Flüssigkeitsaufnahme, zum Schöpfen, einsetzt. Dieses Organ heißt aber nicht Zunge. Das klänge
zu banal. Es heißt Lecker. Beim Fell des Rehes sprechen Jäger
und Zoologen von der »Decke«. Kommen wir zu dem Teil des
Rehkörpers, der hinter dem Träger anfängt. Nach der Schulter-
folgt die Rippenpartie, hinter welcher – von außen betrachtet –
innen die Lunge liegt. Das Herz liegt ziemlich genau zwischen
den Schultern. Die Schulter ist das Blatt; daher kommt der Begriff Blattschuss. An Verdauungsorganen hat ein Reh neben Leber und Nieren den Pansen und das Gescheide, das wir bei anderen Säugern und beim Menschen als Gedärm bezeichnen. Es
pflanzt sich fort, indem der Bock die Geiß beschlägt und mit
seiner Brunftrute das Feuchtblatt penetriert, um Samen aus den
Brunftkugeln zu ejakulieren. Die Erzeugnisse wachsen im Trag-
sack heran, ein wildspezifischer Ausdruck für Gebärmutter. Die
weiße Fellfärbung am Körperende, die das Weidloch (Anus) um-
schließt, wird als Spiegel bezeichnet, der bei männlichen Exem-
plaren eine Nierenform und bei weiblichen die Form eines
Herzes aufweist. Nur weibliche Rehe tragen eine Schürze, ein
kleines Schwänzchen. Es verdeckt, gleich dem sprichwörtlichen
Feigenblatt, Weidloch und Feuchtblatt. Die Tage der Fortpflan-

zung heißen Brunft- oder auch Blattzeit. Dieser Begriff kommt von einer Methode, mit der versierte Jäger Rehböcke locken: Sie spannen ein Blatt mit glattem Rand zwischen die Hände und blasen es so an, dass das Vibrieren des Blattes einen Ton erzeugt, der dem Pfeifen der brunftigen Geiß ähnelt. Rehböcke sind an manchen Sommertagen so liebestoll, dass sie alle Gefahren vergessen. Und Geißen lassen sich stundenlang bitten, bis sie dem Männchen Gelegenheit geben, sie zu beschlagen. Beschlagen – so nennt man den Geschlechtsakt. Ich habe mal einen Bock beobachtet, mit dem ich Mitleid bekam. Seine Lichter waren nur auf die Schürze fixiert, die er verfolgte. Womöglich kommt davon auch der Begriff Schürzenjäger bei besonders lüsternen Männchen der Spezies Mensch. Die Geiß jedenfalls ließ den Bock immer wieder rankommen, manchmal gewährte sie dem Schürzenjäger sogar einen kurzen Kontakt seines Windfangs mit ihrem Feuchtblatt. Doch als er sich zu einem Sprung auf ihre Kruppe anschickte, sprang sie wieder ab – und der lechzende Bock wieder hinterher. Irgendwann, ich war wohl schon zu Hause im Bett, muss er ihr wohl beigewohnt haben. Denn in der Regel werden in der Blattzeit so gut wie alle weiblichen Rehe beschlagen. Wenn sie Nachwuchs gebären, dann »setzen« sie ihn.

DAS GROẞE WUNDER

Bei der Fortpflanzung beim Reh geschieht eines der größten Wunder, die ich in der Natur kennengelernt habe. Die Wildautoren rätselten über Epochen hinweg. Noch zu Beginn des 19. Jahrhunderts herrschte laut *Jagdkatechismus* die Auffassung vor, das Reh paare sich im Winter. »Kräftige Böcke treiben zwar die Ricke schon im August«, schreibt Behlen, »indessen ist die allgemeine Meinung, dass die eigentliche Brunftzeit Ende Dezember und Januar sei, doch ist dieser Punkt im Streite.« Die Experten bewarfen sich mit Argumenten, die sie mit eigenen Beobachtungen untermauerten, mitunter mag auch die Fantasie eine Rolle gespielt haben. Es sprengte alle Vorstellungskraft.

Es war ja offensichtlich: Rehe paarten sich im Sommer. Böcke laufen durch die Gegend auf der Suche nach dem Feuchtblatt einer Geiß, die sie begatten können. Ob es der rehböckische Geschlechtstrieb war, der in die Redewendung vom »geilen Bock« mündete? Auszuschließen ist das keineswegs. Rehböcke platzen Anfang August fast vor Lust auf Fortpflanzung. Sie vergessen, dass es Straßen und Autos gibt, und rennen durch die Gegend wie 18-jährige männliche Menschen, denen Testosteron alle Zügel kappt. Wenn solche 18-jährigen männlichen Menschen hingegen »keinen« oder »null« Bock auf etwas haben, mutieren sie zum Ziegenbock oder zum Esel, und ihnen ist ein besonders störrisches Verhalten eigen. Eine Beziehung zum brunftigen Rehbock ist beim Entstehen der Redewendung »Bock haben« jedenfalls nicht von der Hand zu weisen.

Im 18. Jahrhundert gehörte die Fortpflanzung des Rehs zu den größten Rätseln der Naturkunde. Über seine Fortpflanzung kursierten die wildesten Spekulationen. Weit verbreitet, wenn nicht gar wissenschaftlicher Standard, war die Auffassung, es paare sich im Winter. Ein schönes Beispiel dafür lesen wir in den *Jägerpractica* des Heinrich Wilhelm Döbel.

Am frühen Morgen des 6. August 1739 kam ein weibliches Reh aus einem Dickicht eines kursächsischen Waldes, ihm folgte ein Bock. Der Jäger Heinrich Wilhelm Döbel saß in seinem Versteck und beobachtete die beiden. Nähere Angaben zum Ort seiner Beobachtung machte Döbel nicht, aber ansonsten dokumentierte er seine Feldstudie mit geradezu wissenschaftlicher Akkuratesse. In seinem vierbändigen Opus widmete Döbel dem Reh und dem Rätsel um dieses Tier elf Seiten, mehr als dem

Schwarzwild, den Gämsen und 135 anderen Wildtiertierarten, die er beschrieb. Das Werk hieß *Neueröffnete Jägerpraktik, oder der wohlgeübte und erfahrne Jäger: worinn eine vollständige Anweisung zur ganzen hohen und niedern Jagdwissenschaft in vier Theilen enthalten ist, alles aus vieljähriger eigenen Erfahrung gründlich und deutlich beschrieben.*

Heinrich Wilhelm Döbel befand sich jedenfalls am frühen Morgen des 6. August 1739 auf der Jagd und beobachtete die Rehgeiß und den Bock. Was er dann sah, überwältigte ihn schier: »Da sie kaum vierzig Schritte von mir stunden, so setzte sich der Bock geschwind auf die Ricke, beschlug selbige ordentlich und gab ihr wohl mehr als 15 Stöße, da er gewiss und ordentlich seinen Beschlag tat. Der Bock saß so denn bald ab und tat sich gleich neben der Ricke in das Gras nieder, die Ricke aber zog etwa drei oder vier Schritte fort und ließ das Wasser laufen (brunste).« Eine ähnliche Beobachtung hatte Döbel bereits 21 Jahre zuvor in Württemberg aus wesentlich größerer Entfernung gemacht. Damals war er sich aber nicht sicher, ob der Bock die Geiß wirklich penetrierte.

Der gute Döbel hatte es mit eigenen Augen gesehen. Aber er konnte es nicht glauben. Er konnte nicht glauben, dass die Geiß und der Bock im August den Fortpflanzungsakt vollzogen, bei dem die Kitze entstanden, die im darauffolgenden Mai gesetzt wurden. Döbel stufte das sommerliche Verhalten des Bockes als »eine bloße Geilheit« ein. Aber auch bei den weiblichen Rehen erkannte er eindeutig eine »eingepflanzte geile Natur«, weil sie sich nach seinen Beobachtungen unverzüglich zu einem anderen Bock gesellten, wenn ihr Begleitbock erlegt wurde. Für Witwen galt Trauerpflicht, wenn sie nicht in Verruf kommen wollten – offenbar nicht bei Wildtieren. Döbel starb im Juni 1759 im Alter von 60 Jahren.

Es dauerte, bis Klarheit ins Brunftgeschehen kam. Wissenschaftler hatten ja schon in der Antike und dann wieder in der Renaissance Tiere und auch Menschen seziert, um anatomische Erkenntnisse zu gewinnen. Wildtiere wie die Rehe waren davon bisher noch ausgeschlossen gewesen. Offenbar war das Geheimnis um die Sommerbrunft und die lange Tragzeit bis dahin niemandem aufgefallen. Aber zu Zeiten Döbels war Zoologen bereits klar, dass sich die Tragzeit – also die Zeit von der Begattung bis zur Geburt – bei Tieren nach ihrer Größe richtet und ein Reh dazu niemals zehn Monate und damit länger als ein Mensch brauchen kann. Die Wissenschaftler reimten sich zunächst eine Winterbrunft zusammen. Erst im 19. Jahrhundert untersuchten Jäger, die es wissen wollten, Rehe systematisch zu allen Jahreszeiten. Sie sezierten und sezierten. So entdeckten sie die Keimruhe.

Ich arbeite in einer großen Stadt, in München. Da haben die wenigsten Menschen eine Ahnung von dem, was draußen im Wald passiert. Wobei ich zur Ehrenrettung der Großstädter zugeben muss, dass auch in ländlichen Gegenden schon viele Menschen so urbanisiert sind, dass sie Nadelbäume für Nähwerkzeuge halten. Und Rehe für ein Jugendstadium der Hirsche. Aber wenn ich den Leuten in der Stadt eine gute Geschichte erzählen will, dann nehme ich genau die: das Wunder von der Keimruhe. Die Geschichte vom Reh, das sich Anfang August paart. Die Geschichte von der befruchteten Eizelle, die sich einnistet und dann wartet und wartet und wartet. Bis zur Wintersonnwende kurz vor Weihnachten. Erst dann beginnt sie zu wachsen. Im Mai oder Juni setzt die Geiß dann ihre Kitze, meistens eins oder zwei, selten drei. Die Marder und die Dachse halten es genauso: Paarung im Sommer, Setzzeit gegen Ende des Winters. Die Rehe setzen ihre Jungen, wenn es warm ist. Denn allein dieser Zeitplan bietet eine Chance, dass der Nachwuchs überlebt.

Leuten, die meine Heimat für skurril halten, erzähle ich

manchmal – aus Jux – erfundene Geschichten. Zum Beispiel, dass ich sonntags um 6 Uhr in der Altöttinger Gnadenkapelle ministriere und manchmal das Weihrauchfass bedienen darf. Altötting ist ein Wallfahrtsort. Da staunen sie und finden auch mich skurril. Wenn ich die wundersame Geschichte von den Rehen und ihrer Keimruhe hinterherschicke, die ja im Gegensatz zum Ministrieren in der Gnadenkapelle wirklich stimmt, und wenn ich ihnen damit meinen kindlichen Glauben erkläre, werden sie selbst andächtig. »Eiruhe«, sage ich, »gib dir das mal!« Es klingt irrwitziger als jede Erfindung der Fantasie-Abteilung von James-Bond-Filmen und cleverer als die göttliche Allvernunft. Ich bin froh, dass ich in der Kindheit eine gesunde Ehrfurcht vor der Schöpfung mitbekommen habe.

Andererseits: Diese Ehrfurcht kann schon auch zur Bürde werden. Wenn mir dieser Respekt nicht eingepflanzt oder anerzogen wäre, dann wäre es mir wahrscheinlich völlig gleichgültig, wenn Landwirte im Mai oder im Juni Kitze totmähen. Denn Geißen haben zwar gelernt, dass sie ihre Leibesfrucht erst im Winter wachsen lassen dürfen, wenn sie zum eigenen Arterhalt beitragen wollen. Aber viele von ihnen haben noch nicht kapiert, dass sich Landwirte bei ihren Mähaktionen nicht nach den Rehen richten können – und dass sich einige von ihnen nicht einmal die Zeit nehmen, die Wiese auf abgelegte Rehkitze zu überprüfen. Rehe sind Waldrandbewohner, die sich am liebsten auf dem Feld aufhalten. Sobald sie sich sicher fühlen, gehen sie raus ins Freie. Zum Äsen und zum Dösen. Nachts, wenn kein Jäger sie schießen darf, liegen sie stundenlang im Gras. Es ist völlig klar, dass diese Tierart ihre Jungen normalerweise auch genau da zur Welt bringt: auf der Wiese. Und genau dafür haben die Kitze die weißen Tupfer im Fell. Noch so ein Geniestreich der Schöpfung. Diese Tupfer, bekannt auch von Bambi, bieten in einer Blumenwiese, die voll ist mit Margeriten und anderem Geblüte, die perfekte körperauflösende Tarnung. Kitze haben in den ersten Tagen und Wochen keinen großen Bewegungsradius. Ehe das Kitz groß genug ist für eine schnelle Flucht, drückt es sich bei drohender Gefahr reflexartig auf den Boden. Nur wenn die Mutter kommt, steht es auf und folgt ihr. Ich klage keine Bauern an, die Kitze mähen. Das kann passieren. Ich klage aber Bauern an, die nichts unternehmen, um das zu verhindern. Das macht mich zornig. Meistens ist es zwischen den Bauern und den Jägern so geregelt, dass die Bauern den Jägern am Tag vor der Mahd Bescheid geben. Die Jäger gehen dann die Wiesen ab und stecken akustische, olfaktorische oder visuelle Vergrämungsmittel hinein. Rehe und Kitze suchen sich dann einen anderen Platz. Oder die Jäger suchen die Flächen mit einer Drohne ab und bringen die Kitze raus. Wenn die Bauern tags darauf mähen, ist die Gefahr erheblich verringert, dass Tiere ins Mähwerk geraten und verletzt oder getötet werden. Nach einem Mähtag, bei dem der Bauer nicht Bescheid gegeben hatte, beobachtete ich die gemähte Wiese: Eine Rehgeiß kam aus dem Wald, auf der Suche nach ihren zwei Kitzen. Ihr Gesäuge war prall gefüllt. Wie ein Schweißhund, der einer Fährte folgt, lief sie über die Wiese, den Windfang immer am Boden, um die letzten Spuren der Kitze zu wittern und sie vielleicht doch noch zu finden. Aber da waren keine Kitze mehr. Ich fragte mich, was der Bauer wohl dabei dachte, als er sie totmähte. Wäre er da gewesen, hätte ich ihm ins Gesicht geschrien: »Wenn du schon kein Hirn hast, dann schalte wenigstens dein Herz ein, falls davon etwas übrig geblieben ist!«

Ein Vertreter vom Bund Naturschutz wollte mir einmal weismachen, Rehe seien Waldtiere. Es war ein sehr hochrangiger Naturschützer. Ich ließ ihn reden. Er hatte zwei Tage zuvor ein Jagdrevier besucht, in dem Waldbauern selbst das Rehregulieren übernommen haben. Sie schießen an Rehen, was ihnen vor die Büchse kommt. Angepassten Wildbestand nennen sie das Ergebnis. »Und wissen Sie, was das Tolle dort ist?«, fragte mich der Naturschützer. Ich wartete, bis er sich die Antwort selbst gab. Die Rehe seien viel schwerer und gesünder. Und vor allem: »Da werden draußen auf der Wiese keine Kitze mehr totgemäht, und wissen Sie warum?« Ich wartete wieder. »Na, weil die Rehe ihre Kitze im Wald setzen!« Er klang begeistert. »Die müssen nicht mehr auf die Wiese mit ihren Kitzen, weil sie im Wald genug Platz haben.« Die müssen nicht mehr auf die Wiese, wiederholte ich. »Nein, im Wald setzen sie sowieso lieber«, sagte er und blieb ziemlich gelassen dabei.

Der Gesprächspartner hielt mich wahrscheinlich für einen Idioten. Klar, Pressemenschen kann man viel erzählen, und er wusste ja nicht, dass ich seit Monaten Rehe beobachtet und Bücher dazu gelesen hatte. Ich dachte mir, wenn der Naturschutzfunktionär seinen Nonsens als biologisches Grundwissen anderen Journalistinnen und Journalisten verkauft, dann kommt er damit durch. Lange wusste ich nicht, warum er sich in den Dienst der rehfeindlichen Ideologie stellte. Bis ich erfuhr, dass er aus einer Försterfamilie kommt, sie sich seit Jahrzehnten beim Bekämpfen der wiederkäuenden Paarhufer an vorderster Front engagiert. Ideologie, also das Verbreiten von Unfug wider verfügbares biologisches Wissen, ist zynisch, und Zynismus macht mich zornig. Der Mann macht den Bauern weis, allein der Umfang der Rehpopulation sei ursächlich für Mähunfälle mit Kitzen. Klar, es stimmt, wo es keine oder fast keine Rehe mehr gibt, sinkt auch die Zahl der Mähtode, weil keine Kitze totgemäht werden können, da es keine mehr gibt. Aber eine solche Population kann dann auch nicht mehr als gesund bezeichnet werden. Rehe sind per se auf den Waldrand fixiert, dort setzen sie auch überwiegend – ihrem Nachwuchs aber ist es dort zu gefährlich. Füchse lungern herum und Dachse. Solange Kitzen der Reflex eigen ist, sich bei einer möglichen Gefahr auf den Boden zu ducken, ziehen sie bevorzugt auf Wiesen.

Es kommt so gut wie nie vor, dass Bauern für bare Münze nehmen, was ihnen ein Naturschützer erzählt. In diesem einen Fall aber ist es so. Ich bin aus dem Bund Naturschutz aus- und beim Landesbund für Vogelschutz eingetreten. Denn ich hatte vier Jahre lang Rehe und Rehkitze beobachtet – und meine Beobachtungen deckten sich mit dem, was ich über schwedische Kitze gelesen hatte. Sie suchen sich schon nach zwei, drei Tagen ihre eigenen Ablageplätze. Wenn sie von der Geiß versorgt sind, schlüpfen sie wieder ins Gras – und zwar in Gras, das sich möglichst bequem durchqueren lässt. Wiesen, die schon einmal gemäht sind, erweisen sich als komfortabler als das Grasgestrüpp auf noch ungemähten Wiesen. Sobald die Geiß Gefahr wittert, flüchtet sie in Deckung: in die Waldrandzone. Die Kitze aber sacken wie auf Kommando zusammen und drücken sich an den Boden. Je nach Alter verkrümeln sie sich nach einer gewissen Zeit – oft in die Wiese hinaus, wo sie Deckung und mit ihren weißen Tupfern auf der Decke Tarnung haben.

Als Wiederkäuer haben Rehe im Oberkiefer keine Eck- und Schneidezähne. Als ich auf die Jägerprüfung lernte, war ich mir sicher, es sei eine Gemeinheit, dass wir die Zahnformeln und die Gebissentwicklung der einzelnen Tiere auswendig lernen mussten. Wenn den Prüfern keine Fragen mehr einfallen, mit denen sie einen durchfallen lassen können, dann fragen sie nach den Zähnen. Also lernte ich: Dentes incisivi sind Schneidezähne, Dentes canini sind Eckzähne, Prämolaren sind vordere und Molaren hintere Backenzähne. Ein Rehkitz kommt mit 20 Zähnen zur Welt, mit sechs Schneidezähnen, zwei Eckzähnen und sechs Prämolaren im unteren und sechs Prämolaren im oberen Kiefer. Im Dauergebiss hat das Reh 32 Zähne. Insgesamt zwölf Molaren kommen in den ersten 14 Monaten dazu. Man merkt sich diese Zahlen für die Prüfung, man vergisst sie wieder.

Dann kam ich Anfang Dezember zu meinem Freund Gustav. Er hatte ein Reh erlegt. Dass es noch nicht alt war, sah man am Träger und am Haupt. Es hing an einer Waage, die 13,5 Kilogramm anzeigte. Gustav erzählte, wie er es erlegt hatte. Es war aus dem Wald getreten und hatte lange geäst. Allein. Ich war mir ziemlich sicher, dass es sich um ein Schmalreh handelte, ein etwa 18 Monate altes weibliches Stück. Schmalrehe kommen oft allein. Dennoch zweifelte Gustav, er legte den Kopf schief. »Was ist«, wollte ich wissen, »du wirst das doch nicht für ein Kitz halten?« Gustav ist ein Zocker. »Wetten wir?«, fragte er. »Wenn du es beweisen kannst«, sagte ich. Wir wetteten um ein Weißwurstfrühstück. Dann schaute Gustav in den Unterkiefer, zählte und drehte sich mir zu. »Du kochst.« Der hinterste Prämolar war dreiteilig. Gustav hatte ein starkes Kitz erlegt, etwa ein halbes Jahr alt. Erst im 13. Monat fällt dieser dreiteilige Prämolar aus und wird durch einen zweiteiligen ersetzt. Eine sicherere Altersbestimmung gibt es nicht.

Ob ein Reh jünger oder älter ist, zeigt im Frühjahr und im Herbst auch die Decke. Zweimal im Jahr verfärben sie sich: zum Sommer hin wird das Fell rot und kurz, in den kälteren Monaten wird es grau und dicht. Jüngere Rehe verfärben deutlich schneller als ältere. Das können – sofern noch genügend Rehe da sind, um Vergleiche anzustellen – sogar Ungeübte erkennen, wenn im Mai jüngere Böcke mit kürzerem, schmälerem Geweih verfärbt durch die Gegend laufen, während ältere Böcke mit kurzem Träger, wuchtigem Haupt und prächtigem Kopfschmuck sich allmählich der Winterdecke entledigen, erst am Haupt, zuletzt an den Hinterläufen. Ich könnte mich nicht entscheiden, in welchem der beiden Kleider das Reh besser aussieht, im grauen oder im roten. Es ist nicht seine Farbe, die fasziniert, sondern seine Grandezza.

Rehe sehen nicht besonders gut. Die Pupille in den Lichtern (Augen) liegt quer. Deswegen und weil die Lichter seitlich ausgerichtet sind, nehmen Rehe fast die gesamte Umgebung wahr und müssen dafür nicht einmal das Haupt drehen. Allerdings haben sie vor allem mit Farben Schwierigkeiten. Wenn wir Menschen den Herbstwald in seiner bunten Pracht wahrnehmen, wirkt er in den Augen der Rehe ziemlich blau. Man kann sagen, sie sind rot-grün-blind und erkennen Konturen weitaus weniger scharf als Füchse und Hunde. Das heißt aber nicht, dass man sich Rehen tänzelnd nähern kann und unbemerkt, solange man sich völlig lautlos bewegt. Denn Bewegungen nehmen sie durchaus wahr. Und sie reagieren so schnell darauf wie auf einen verdächtigen Geruch oder ein unbekanntes Geräusch.

Mit ihren Lauschern vernehmen Rehe außergewöhnlich gut. Ich finde es geradezu spektakulär, wie sie sie als Schalltrichter einsetzen: Wenn sie ein Geräusch von vorn vernehmen, drehen sie die Lauscher wie Hörrohre nach vorn. Wenn es drauf ankommt, lassen sie auch mal ein Ohr zur Seite und das andere nach vorne hören. Die Schallwellen-Radaranlage lässt sich zentimeterweise verstellen.

Noch öfter als durch Geräusche habe ich Rehe durch den Geruch meiner Kleidung und meiner Haut verschreckt. Im Windfang befindet sich der sensibelste Sinn bei diesem Tier. Wenn sie nur einen Hauch, und da spielt die Windrichtung eine größere Rolle als die Windstärke, von mir in die Nase bekommen, flüchten sie in den nächsten Unterschlupf. Rehe kommen sehr gut in eher unübersichtlichem Gelände zurecht. Sie orientieren sich weniger an dem, was sie eräugen, als an olfaktorischen Reizen. Damit kommunizieren sie auch. Wir Menschen verfügen über rund 30 Millionen Riechzellen an unserer Riechschleimhaut, das Riechepithel des Rehs weist das Zehnfache auf, ungefähr 50 Millionen mehr als der Hund.

Rehe setzen dazu mehrere Duft- und Talgdrüsen ein. Rehböcke zum Beispiel markieren durch ihren Bast, durch Fegen abgeriebene Geweihhaut, und durch Stirnlocken, wenn sie sich mit ihrem Geweih an diversen Pflanzen abarbeiten und dabei sogenannte Fegeschäden anrichten, die manchen Forstmann aufheulen lassen wie Asterix' Hündchen Idefix, der bekanntlich bei jedem von Obelix ausgerissenen und nach einem Römertrupp geworfenen Baum in Tränen ausbricht. Die Stirndrüsen sind im Winter so gut wie leer; je wärmer es im Frühjahr wird, desto draller schwellen sie an und wollen durch Markieren geleert werden. Böcke fegen nicht nur, sie plätzen auch. Das heißt, sie markieren Stellen mit den Drüsen ihrer hinteren Extremitäten, indem sie auf den Boden stampfen.

Böcke markieren vor allem ihre Reviere. Ist ein älterer starker Bock zugange, werden sich jüngere Gesellen hüten, ihm ins Gehege zu kommen oder ihm zu begegnen. Schießt ein unerfahrener Jäger, dem beim Abschuss die Zahl wichtiger ist als die sinnvolle Wahl, einen älteren stärkeren Bock, also den Platzbock, rivalisieren viele jüngere Böcke. Gleich starke Böcke duellieren sich dann, und die Kämpfe können ablaufen wie die Turniere in alten Ritterfilmen – nur dass die Böcke keine Rüstungen tragen. Ich habe einmal beobachtet, wie zwei Konkurrenten parallel zueinander im Gleichschritt aus dem Wald auf eine mit getrockneter Gülle planierte Wiese schritten. Sie ließen einander nicht aus den Augen – der Gegner könnte sein Gewaff ja als Stichwaffe einsetzen. Auf der Wiese stellten sie sich dann gegenüber. Jeder versuchte erfolglos, dem anderen mit Drohgebärden Angst einzujagen. Dann jagten sie sich gegenseitig, der eine den anderen, der andere den einen, unterbrochen von Verschnaufpausen voller weiterer Drohgebärden, bis es dunkel wurde und ich nichts mehr sah. Solche Böcke fegen auf dieser Fläche alles zusammen, was ihnen vor die Stirnlocke kommt. Sie setzen Zeichen im Konkurrenzkampf, machen aber auch potenzielle Fortpflanzungspartnerinnen durch Düfte auf sich aufmerksam. Und diese wiederum die Böcke. An den Hinterläufen gut erkennbar ist die Laufbürste, in der Jägersprache »Kastanie«. Noch häufiger als sie, nämlich bei jedem Schritt und Tritt, kommt die Zwischenklauendrüse an den Schalen der hinteren Läufe zur Geltung. Diese Drüse sondert ein talgiges Sekret mit einer von Reh zu Reh individuellen Duftnote ab. So suchen und finden sich die Rehe.

Und die natürlichen Feinde, die Wölfe und die Luchse – haben die nicht leichtes Spiel mit diesen Duftfährten? Diese Frage hat mir mal ein Förster gestellt, der mich durch seinen Verantwortungsbereich führte. »Warum hat das Reh diese Drüsen, die es dem Wolf verraten?«, fragte mich der Unterförster. Er genoss es, dass ich ratlos war und dass er so viel mehr wusste als ich. Ich gönnte ihm den Triumph. Dein Oberförster wird dich morgen wieder zwiebeln, dachte ich. Was der Unterförster nach quälend langen drei Minuten als Erklärung anbot, klang plausibel. Das Reh flüchtet nicht immer nur in eine Richtung. Es flüchtet, duckt sich, flüchtet, duckt sich, flüchtet, duckt sich. Das Zickzack kann zu einem endlosen Labyrinth werden, das Wölfe in Schwindel versetzt oder zumindest nervt.

Sicher erwischen Wölfe Nutztiere wie Schafe, Pferde oder Rinder wesentlich leichter als Rehe. Rehgegner betonen unermüdlich, das Ausrotten des Wolfes sei ursächlich für angeblich zu hohe Rehwildbestände. Ich halte dagegen: Sollte es höhere Rehwild-Bestände geben als vor 200, 300 oder 1000 Jahren, ist das in den letzten 200 Jahren praktizierte Zurückdrängen der Rothirsche in vergleichsweise kümmerliche Reservate schuld daran. Förster und Politiker reden sich die Köpfe heiß über eine

Wildart, die das Vakuum nutzt, das eine andere Wildart hinterlassen hat. Wer von einem natürlichen Gleichgewicht in den Wäldern schwadroniert und den Wolf zurücksehnt, müsste konsequenterweise auch dem Rotwild ein Comeback gönnen.

KULTURFOLGER

Als junger Mann habe ich mich viel im Theater herumgetrieben. Mein Studium finanzierte ich unter anderem als Statist und Kleindarsteller am Regensburger Stadttheater. 75 Mark pro Aufführung und dazu jede Menge Spaß, das war okay. Später, während meiner ersten Berufsjahre in München, konnte ich mir als Junggeselle jede Woche mindestens einen Besuch in der Staatsoper leisten und ein-, zweimal Kammerspiele, Residenztheater oder Volkstheater. Warum ich das alles erzähle? Weil ich nie ein Reh gesehen habe. Auch in den Münchner Kunstausstellungen nicht, weder in der Alten Pinakothek noch im Lenbachhaus. Das fiel mir ein, als ich zum ersten Mal den Begriff »Kulturfolger« vernahm. Das Reh, las ich, sei ein Kulturfolger.

Es ist typisch für meine überwiegend urbanisiert sozialisierte Generation, dass wir Kultur gleich mit Verdi und Shakespeare, mit Strawinsky und Beckett in Verbindung bringen. Kultur beim Kulturfolger Reh bedeutet aber lediglich, dass sich diese Lebewesen sehr gut in eine Landschaft einfügen, die von Menschen kulturviert wurde – die aus der Natur eine Kultur gemacht haben. Schwalben sind ebenfalls Kulturfolger; ich kann mich gut erinnern, wie sie die Kuhställe meines Dorfes bevölkerten. Auch Ratten und Rabenvögel zählen dazu. Und eben Rehe.

Mein Kumpel Schorsch besucht regelmäßig das Grab seiner Tante Liesl auf dem Münchner Waldfriedhof. Meistens bringt er Blumen mit, Rosen. Am Waldfriedhof gibt es Blumenläden für

Menschen wie Schorsch. Tante Liesl war noch nicht lange tot und Schorsch noch ein ziemlich neuer Kunde bei diesen Floristen. Umso verdutzter schaute er, als ihn die Rosenverkäuferin fragte: »Soll ich sie gleich einsprühen?«

Schorsch stutzte: »Einsprühen? Mich? Wozu?«

»Nein, nicht Sie. Die Rosen! Soll ich sie einsprühen?«

Schorsch glaubte, die Blumenfrau scherze, und lächelte sie an. »Wenn Sie meinen.«

Sie zog eine Dose Haarspray unter der Ladentheke hervor und besprühte die Rosen damit. Dreiwettertaft.

»Warum machen Sie das?«, fragte er.

»Na wegen der Rehe! Wissen Sie das nicht?«

Auf dem Münchner Waldfriedhof hat sich eine hübsche Rehpopulation eingelebt, die auf den Gräbern eine wunderbare Äsung finden – und nur Substanzen wie Dreiwettertaft halten sie von diesen Mahlzeiten ab. Diese Rehe mitten in München sind nicht nur Kulturfolger, sondern lupenreine Sepulkralkulturfolger. Ich weiß, ein Rosenstrauß ohne Rosenblüten auf einem Grab sieht blöd aus, aber die Vorstellung, dass sich Rehe einmal auf meinem Grab den Pansen vollhauen und vielleicht noch Weihwasser aus dem Weihwasserschälchen schlürfen, macht mir die Aussicht auf meine Zeit nach dem Tod erträglicher und vergnüglicher. Und Schorsch? Der bestellt seither immer Blumen mit einem Spritzer Dreiwettertaft, wenn er Tante Liesls Grab besucht.

Eine Kultur-Geschichte ist mir in einem meiner vielen Rehbücher untergekommen, die dieser Tierart tatsächlich auch einen gewissen Sinn für Kunst attestiert. Der Schweizer Rehverhaltensforscher Philipp Schmidt berichtet, es gebe ein menschliches Geräusch, das diese Tiere nicht als unangenehm wahrnehmen, »ja sogar zu lieben scheinen«, und das sei Musik. Er habe es selbst erlebt. »Im hohen Heugras ruhte ein Böckchen nicht weit von einem Hohlweg. Um neun Uhr zog eine Prozession auf dem Sträßchen vorbei. Die Musik blies einen schönen Choral, und die ganze Prozession, Kinder und Erwachsene, sangen mit. Da erhob sich das Böckchen und machte den Hals lang, bis es über die hohen Gräser sah, horchte mit sichtlichem Gefallen auf die Klänge und dachte nicht an Flucht.«

Rehe merken, wo ihnen keine Gefahr droht. Sie haben längst mitbekommen, was im Jagdgesetz über befriedete Bezirke steht: dass dort absolute Waffenruhe herrscht. Jedes Bundesland legt selbst fest, was es unter einem befriedeten Bezirk versteht. In Bayern gehören Friedhöfe und Hofräume ebenso dazu wie Hausgärten und »Flächen innerhalb der im Zusammenhang umbauten Ortsteile«. Als Kulturfolger haben Rehe einen ausgeprägten Sinn für diese juristischen Lebensgrundlagen entwickelt. Der österreichische Förster und Wildbiologe Hubert Zeiler beobachtet Rehe in seinem eigenen Garten. Er sei nicht begeistert, wenn sie Rosensträucher, Gemüsebeete und Brombeeren abräumen, schreibt er in einem Aufsatz über »Angst und Furcht bei wilden Tieren«. Doch »Freude und Faszination am Anblick« der Rehe überwögen. Seit mehreren Generationen haben die Rehe gelernt, wo sie äsen können und gleichzeitig in Sicherheit sind. Solche Prägungen können sich mit der Zeit in epigenetischen Prozessen niederschlagen und sich auf das Verhalten auswirken.

In meiner Lokalzeitung, dem *Alt-Neuöttinger Anzeiger*, erschien im Februar 2022 eine große Geschichte über Rehe in Burghausen. Der Titel lautete »Die Kehrseite der grünen Stadt«. Immer öfter fräßen die Rehe die Pflanzen im Garten kahl: Hibiskus, Salat, Mangold, Karottengrün und – auch hier – Rosen. Eine Familie wird mit einem Ausruf der Verzweiflung zitiert: »Wir haben zwei Jahre lang nicht gewusst, welche Farben unsere Rosen haben.« Es waren 24 Stauden, und immer bevor die

Knospen aufgingen, hatten Rehe sie sich einverleibt. Die Tiere seien so dreist, mittags durch die Gärten und sogar über Terrassen zu marschieren. Manche Familien machten sich sogar Sorgen, die Rehe könnten ihre kleinen Kinder angreifen.

Dass Menschen Angst vor Rehen haben können, war mir neu. Es gibt nur zwei Möglichkeiten: Entweder die Burghauser Rehe führten sich besonders bestialisch auf, was ganz und gar nicht dieser Spezies entspricht. Oder: Die Angsthasen aus der bayerischen Provinzstadt sind schon völlig von der Natur entfremdet und verwechseln Rehe mit Rottweilern und Hasen mit Ratten. Der Chef des örtlichen Jägervereins schickte daraufhin eine Pressemitteilung an die Zeitung, um den Menschen die Angst um ihr Wohl zu nehmen. »Dass Rehe Menschen angreifen, kann ich ausschließen«, schrieb er, »Rehe beißen nicht!« Schließlich, so der Jäger, haben sie im Oberkiefer nicht einmal Schneide- und Eckzähne. Man kann sich kaum vorstellen, welche Woge der Erleichterung ob dieser Kunde durch Burghausen schwappte.

Was kann man Hobbygärtnerinnen und Hobbygärtnern raten? Entweder sie errichten Zäune. Oder sie beschallen die Rosenbeete gelegentlich mit Schlagermusik, Rex Gildo wirkt recht gut. Oder sie behandeln ihre Pflanzen mit ähnlichen Präparaten wie mein Freund Schorsch die Schnittblumen für Tante Liesls Grab – es muss ja nicht gleich Dreiwettertaft sein, ein bisschen Deo mit Moschusgeruch oder Billigrasierwasser reicht auch.

KONZENTRATSELEKTIERER
UND WIEDERKÄUER

Wenn ich ein Mensch wäre, der beim Aussprechen von lusti-
gen Beschreibungen mit den Zeige- und Mittelfingern der beiden Hände Anführungszeichen in die Luft malt, würde ich mit
verschmitzter Miene sagen: Rehe sind Naschkatzen, und beim
Wort Naschkatzen würde ich Anführungszeichen, also sogenannte Gänsefüßchen, in die Luft malen. Aber das mache ich
aus Prinzip nicht, weil ich nicht riskieren will, dass Leserinnen
und Zuhörer so konsterniert blicken wie meine Gefährten im
Jagdkurs und ich, als ein Ausbilder in jedem fünften Satz Wör-
ter wie Naschkatze mit »Gänsefüßchen« vortanzte. Und Rehe
sind ja auch weder Borkenkäfer noch Naschkatzen, auch wenn
es etwas Naschhaftes hat, wie sie sich ernähren. Für die Ernäh-
rungsweise der Rehe gibt es einen grandiosen Ausdruck, den
ich bis zu meinem Jagdkurs noch nie gehört hatte und der so
gut ist, dass er keine Anführungszeichen braucht: Sie sind Konzentratselektierer. Das Wort Konzentratselektierer ist so außergewöhnlich, dass es vom normalen Rechtschreibprogramm rot
unterringelt wird.

Was heißt es? Es bedeutet, dass sich Rehe beim Äsen das aus-
suchen, was ihnen die meisten Nährstoffe bietet. Muffelscha-
fe sind gewissermaßen das Gegenteil von Rehen: Sie verleiben
sich am liebsten faserreiche Gräser ein, weil ihre Mägen so ausgerichtet sind, dass sie faserreiche Gräser am besten verarbeiten
können. Wenn ihnen die Vegetation nichts Besseres zu bieten
hat, kauen auch Rehe mal in faserreichem Gras herum. Doch
wenn sie auf Friedhöfen, in Hausgärten und in frisch gepflanzten Waldplantagen Pflanzen vorfinden, die besonders nährstoff-
reiche Blüten, Knospen oder Baumtriebe tragen, lutschen oder
zupfen sie diese Funde mit ihren Wiederkäuermäulern ab und

lassen sie genüsslich in ihren Wiederkäuermagen gleiten, in den Pansen und seine anderen Magenkammern, die wir für die Jägerprüfung auswendig lernen mussten und nach denen ich dann tatsächlich gefragt wurde. Damit sie die Nahrung rasch entsaften können, verfügen Rehe über einen kompakten und eher klein wirkenden Kaumuskel. Er ermöglicht ein vertikales und kräftiges Zuklappen der Kiefer. So können Rehe die von ihnen bevorzugten eiweiß- und zuckerreichen Nährstoffe, die ihnen Energie liefern, am leichtesten herauspressen.

Wenn man die Gebissformationen und die Magenkonstellationen bei den verschiedenen Tieren kennt, ist man noch kein weiser Mensch. Aber die Jägerprüfer fordern dieses Wissen ein. Sie sind eben auch Selektierer: Sie bauen hohe Hürden, weil sie sehen wollen, wer bereit ist, sich neben einem Vollzeitjob in seiner Freizeit die Funktionen von Lab-, Blätter- und Netzmagen in die Birne zu klopfen. Schließlich soll ja nicht jeder Luftikus auf die Wildtiere losgelassen werden – mit einer Schusswaffe.

Rehe fressen also unheimlich gern Nährstoffe in konzentrierter Form. Und wenn sie diese Nährstoffe auf Wiesen und Feldern nicht finden, weil die wieder mal gemäht, abgeerntet oder mit Gülle getränkt sind, suchen sie sie sich im Wald. In Bayern tourt ein Forstwirtschaftler mit Vorträgen durch die Gegend, der seine Doktorarbeit über die Windschadensanfälligkeit von Wäldern verfasst hat. Aber er unterrichtet den akademischen Forstwirtschaftsnachwuchs über Rehe, Gänse und Füchse. Mit seinem Team hat er herausgefunden, dass Rehe auch manchmal faserreiche Nahrung zu sich nehmen. Was daran spannend oder vielleicht sogar sensationell sein soll, habe ich bis heute nicht verstanden. In der Not, heißt es, fresse der Teufel Fliegen. Warum sollen Rehe dann nicht auch mal auf faserreiches Gras zurückgreifen, gerade in Jahreszeiten, in denen ihnen keine andere Nahrung zur Verfügung steht?

In der Wildtierforschung gibt es spannende Karrieren. Da kann man sich vom Waldbauspezialisten zum Wildbiologen entwickeln. Gänsefüßchen-Fetischisten würden hier um das Wort Wildbiologe zwei ganz große » « herumtanzen. Umgemünzt auf Geisteswissenschaften wäre es ungefähr so, als wenn ein Historiker sich aus Interesse zum Soziologen erklären und Nachwuchssoziologen ausbilden würde. Ich bin Historiker, ich weiß, wovon ich spreche. Und ich achte die Soziologen, und selbstverständlich lasse ich *sie* machen, was sie viel, viel besser können als ich. Über die Wildtiere des Waldes lässt man, gerade in Deutschland, oft lieber Forstwirtschaftler forschen als Biologen oder gar Zoologen. Warum das so ist? Ich kann es mir nur so erklären, dass man die Hoheit über Forschungsmethoden und Deutungen am liebsten in der Forstfakultät oder gar am eigenen Institut behält. Wie es mit dem Konzentratselektieren und Wiederkäuen genau funktioniert, ließ ich mir lieber von einem Veterinärmediziner erklären als von einem sogenannten Wildbiologen, der eigentlich zum Pflanzenfachmann ausgebildet wurde. Alexander Horak hatte seine Doktorarbeit über Rehe verfasst (Thema: *Histologische und histomorphometrische Untersuchungen am Ovarium des Rehes*). Er brachte mir viel über die Biologie der Rehe bei. »Rehe«, sagte er, »lassen sich den Appetit auf Zucker enthaltende Blätter und Triebe nicht einmal dann verderben, wenn sie Gerbstoffe, Tannine oder Terpene enthalten, mit denen die Pflanzen eigentlich Wild abwehren wollen.« Dagegen habe das Reh in seinen großen Speicheldrüsen Bindungsproteine entwickelt, die wiederum die chemische Verteidigung der Äsungspflanze neutralisieren. Wenn die Rehe diese Fähigkeit im Lauf der Evolution nicht fortentwickelt hätten, dann wäre ihr Speisezettel äußerst überschaubar. »Insgesamt ist die Masse des speichelbildenden Drüsengewebes am Kopf von Lauf- und Kräuterfressern wie Rehen deutlich größer als bei grasfressenden Arten wie Rind und Schaf«, so Dr. Horak. Unter all diesen Drüsen ragt die Ohrspeicheldrüse heraus: Sie erreiche bei Konzentratselektierern 0,2 Prozent der Körpermasse und manchmal sogar noch mehr – jedenfalls viermal so viel wie bei Schafen und Rindern. Gleichzeitig ist der Speichel bei Rehen eiweißreicher und dickflüssiger. Dadurch verlässt die Nahrung schneller wieder den Pansen, und das Reh hat eine deutlich höhere Äsungsfrequenz als Kühe und Schafe. »Es selektiert seine Äsungspflanzen mit seinem hoch entwickelten Geruchssinn, wohingegen Grasfresser den Geschmackssinn ihrer Zunge bemühen.« Im Sommerhalbjahr müssen die Rehe bis zu zwölf Mal am Tag Äsung aufnehmen – etwa alle zwei Stunden. Das ist in unseren Breitengraden, die durch und durch landeskulturell erschlossen sind, nur in deckungsreichen Biotopen mit viel Lichteinfall, reicher Bodenvegetation und wenig Beunruhigung möglich. Die höchsten Werte bei der Nährstoffaufnahme des Rehs sind im Herbst zu verzeichnen. In dieser Zeit nimmt auch der Pansen seine größten Ausmaße an. Wenn die Tage kürzer und das Licht weniger werden, senkt das Reh seinen Stoffwechsel. Die Pansenzotten reduzieren sich um bis zu 40 Prozent. Nahrung, die es aufnimmt, wandelt es weitgehend in Fett um, das dann zwischen sieben und zehn Prozent der Körpermasse ausmachen kann. Wenn das Reh im Winter die Ruhe hat, die es braucht, wenn es vor allem nicht auf Drückjagden umhergescheucht wird, hält dieser Energiespeicher vor.

Mit Brombeeren können Rehe ihre Energiespeicher sogar bis in den Januar auffüllen. Die Brombeere ist laut Alexander Horak die Top-Winteräsung schlechthin. »Brombeerblätter beinhalten zwischen November und April rund 12,5 Prozent Eiweiß und fast 55 Gramm Zucker pro Kilo Trockenmasse, das ist jeweils fast das Doppelte von Tanne und Fichte.« Zwar können Brombeeren mit ihrem wuchernden Wachstum ungünstig auf Sämlinge und kleine Bäume einwirken, doch hier, so Horak, solle man als Waldbauer einen Kompromiss wagen und nicht die gesamten Brombeeren vernichten.

Alexander Horak hat mir erzählt, er wäre gern Förster geworden. »Als ich mitbekam, wie sich in den 1970ern an den forstlichen Fakultäten die Stimmung gegen die Wildtiere drehte, studierte ich lieber Tiermedizin.« Ich werde den Eindruck nicht los, dass die Wildtierforschung mehr tierärztlichen Sachverstand brauchen könnte.

Meinen Glauben an die Unbestechlichkeit der Wissenschaft habe ich jedenfalls zum ersten Mal angezweifelt, als ich eine Veranstaltung des Ökologischen Jagdvereins in Freising besuchte und lernen musste, dass das Reh ein direkter Nahrungskonkurrent des Regenwurms sei. Da trat ein Förster aus dem Landkreis Landsberg auf, der gerade in ein Forschungsprojekt zur Bodenqualität involviert war. Die ganz neue Erkenntnis für Förster: Regenwürmer sind wichtig für die Böden, sie machen sie lebendig. »Als Ziel«, so seine Forderung, »sollte eine größere Regenwurmpopulation ins Auge gefasst werden.« 100 Würmer pro Quadratmeter hielt er für erstrebenswert. Dann schrieb ich auf: »Viel Rehwild heißt wenige Regenwürmer. Als Konzentratselektierer braucht das Rehwild spezielle Nahrung, und zwar genau dieselben Pflanzen wie der Regenwurm auch. Wenn die Rehe das rausfressen, fehlt dem Regenwurm die Nahrung.« Ich glaubte nicht, was ich da gehört und aufgeschrieben hatte. Es war zu absurd. Wenn er wirklich gesagt hat, dass Rehe und Regenwürmer direkte Nahrungskonkurrenten sind, dann wären all die Vertreter von forstlichen Hochschulen und Ministerien sicher aufgestanden und kopfschüttelnd nach Hause gegangen. Ich wollte die schriftlichen Berichte zu diesem Symposium abwarten, um mich zu vergewissern, dass ich mich verhört hatte, und um die tatsächlichen Argumente des Försters zu erfahren. Und was las ich in dem Tagungsbericht? »Das Schalenwild hat sogar direkten Einfluss auf die Regenwurmpopulation, da Reh und Regenwurm in gewisser Weise direkte Nahrungskonkurrenten sind. Beide haben ähnliche Ansprüche an die Blätternahrung.« Diese Forschermeinung zur Biologie des Rehwildes ließen die anwesenden Forstwissenschaftler bizarrerweise unkommentiert im Raum stehen. Aber sie ist so nett und exklusiv, dass sie in einem Buch über Rehe auf jeden Fall erwähnt werden muss.

Zur Biologie des Rehs weiß Evi viel mehr zu sagen als der Regenwurmaktivist. Evi ist die Frau meines Jägerfreundes Max und so etwas wie die Mutter von Gundi. Die Ersatzmutter. Die Mutter von Gundi, eine stattliche Rehgeiß, barg Max am 21. Mai 2022 in der Mittagszeit neben einer Straße. Sie war von einem Auto erfasst worden und gestorben. Ihr Gesäuge war prall mit Milch gefüllt, das bedeutete für Max, dass mindestens ein Kitz in der Nähe lag und auf Muttermilch wartete. Am nächsten Morgen um 3 Uhr machte er sich auf die Suche danach. Bis halb sechs zog er durchs Gebüsch und über die Wiesen. Keine Spur von einem Kitz. Max ging müde zurück zum Auto, öffnete die Tür, setzte sich hinters Steuer und dachte sich: »Einmal versuche ich es noch.« Er stieg wieder aus und ging. Da hörte er ein Kitz fiepen. Der hohe Ton kann einem Mann mit gesundem Gehör nicht entgehen. Max ging in die Richtung, aus der dieser hohe Ton kam. Noch ein Busch. Noch eine Brennnessel. Da lag das Kitz vor ihm. Gundi. Der Name fiel Evi spontan ein, als Max mit dem Kitz heimkam. Die Nabelschnur hing noch an dem kleinen Geschöpf, aber sie war schon trocken. Seine Lauscher waren mit Zecken übersät.

Max hatte Erfahrung mit Kitzen. Zwei Jahre zuvor war in seinem Revier eine Geiß in einem Swimmingpool gelandet und ertrunken. Ihre beiden Kitze fing Max ein und zog sie auf, Beppi und Franzl. Sie verabschiedeten sich nach einem halben Jahr in die Freiheit. Und jetzt Gundi. Erst alle drei, dann alle vier Stunden musste sie gefüttert werden. Max und seine Frau Evi wechseln sich ab. Gundi akzeptiert beide als Eltern, und die Rinder und den Gebirgsschweißhund Lenz betrachtet sie als befreundete Nachbarn. Sobald aber fremde Stimmen oder Gerüche an sie herandringen, kommt der übliche Kitzreflex: Gundi flüchtet in Deckung und drückt sich auf den Boden. Doch wenn Evi oder Max kommen, läuft sie ihnen schon entgegen und saugt am Fläschchen. Wie die Rehgeißen draußen auf den Feldern und Wiesen ihre Kitze mit dem Lecker am Weidloch massieren, so lässt sich Gundi von Max' oder Evis Fingern am Hinterteil kneten. Diese Behandlung brauchen Kitze für ihren Stuhlgang. Evi und Max sind sehr geduldig und massieren so lange, bis Gundi bereit ist für die Defäkation. Als sie bei ihren Ersatzeltern ankam, wog sie 1400 Gramm, nach drei Wochen hat sie das Dreifache auf die Waage gebracht. Die weißen Tupfer auf Gundis Decke sind schon deutlich zurückgegangen. Auf dem Speiseplan steht alles, was das Herz einer sehr jungen Konzentratselektiererin begehrt: Himbeerblätter, Glockenblumen, Gänseblümchen, Blätter vom Lindenbaum, mal frisch, mal lieber etwas angewelkt. Zwischendurch nimmt Gundi einen Äser voll frischer Erde zu sich, am besten von Maulwurfshügeln, damit sich die Pansenflora entwickeln kann. Eine besondere Delikatesse sind Blätter und frische Triebe der Rosen, auf Löwenzahn und Spitzwegerich wird sie erst später Appetit bekommen. Nach einigen Wochen oder Monaten werden Evi und Max den Zaun öffnen und es Gundi freistellen, ob sie hinausziehen will auf die Felder und in den Wald oder ob sie dableiben will. »Schaun wir mal, was sie macht, die Madame«, sagt Evi.

5

DAS REH – EIN POLITIKUM

Als ich anfing, als Zeitungsredakteur professionell über Rehe zu recherchieren, wurde mir bald klar: Ich werde belogen. Was mir die Menschen – meistens waren es Männer – erzählten, widersprach sich diametral. Eine Seite musste wohl hemmungslos übertreiben oder verrückt sein oder schamlos lügen. Oder beide Seiten?

Es gibt zwei Extreme. Die einen sehen in Rehen Schädlinge – Ratten. Sie machen den Jagdschein, um so viele Rehe wie möglich zu erwischen. Wie Schädlingsbekämpfer. Ein Politiker, der im Vertrauen mit mir redete, sprach von »Killerschwadronen«. Die anderen? Sie füttern Rehe wie Wellensittiche und schießen sehr selten.

Diese Gruppen bezeichnen sich gegenseitig als »Rehhasser« und »Rehstreichler«. Beide würden bis ans Ende aller Tage abstreiten, dass sie das sind.

Ich ging unvoreingenommen auf beide zu. Dabei arbeitete ich nicht wie Günter Wallraff, um Schweinereien zu enthüllen. Ich sagte, wer ich bin und was ich erfahren will. Ich machte den Jagdschein und wog Rehe. Ich besuchte Jagden und Wälder. Ich wollte wissen, wer mich belügt, die Rehhasser oder die Rehstreichler. Und ich wollte erfahren, ob es ein Dazwischen gibt.

Damals wusste ich noch nicht, wer recht hatte, die Rehhasser oder die anderen. Ich wählte für die Recherche zwei, drei Vertreter pro Partei aus, mit der Zeit kamen weitere dazu. Ich saß in

Wohnzimmern, Küchen, auf Terrassen, auf Hochständen, am Telefon. Und wir gingen in die Wälder. Einen Mann, der sich als Rehhasser entpuppte, lernte ich sogar in einem Gerichtssaal kennen, weil er wegen Jagdwilderei angeklagt war. Ich musste feststellen: Auch er log.

Und bei ihm wurde mir dann sowohl die politische als auch die historische Dimension des Themas deutlich. Es geht hier nicht mehr um Rehe. Es geht um einen Konflikt zwischen Forst und Jagd, zwischen Pflanzenökonomie und Ethik im Umgang mit Tieren. Es geht um Geld.

Laut Zeugen hatte der vor dem Amtsgericht Mühldorf angeklagte Mann spät am Abend vom Fahrersitz seines Autos aus einen Rehbock erlegt. Aber nicht in seinem eigenen Jagdrevier, sondern im benachbarten. Die Zeugen verständigten die Polizei, die den Bock im Kühlschrank des Schützen fand. Der Fall landete vor Gericht. Der Angeklagte war diplomierter Förster und bei der Bahn beschäftigt. Entlang den Bahnstrecken gibt es ja viel Holz, dafür war er zuständig. Bei einer Verurteilung hätte er möglicherweise seinen Job verloren, denn ein Förster ohne Jagdberechtigung ist wie ein Taxifahrer ohne Fahrlizenz. Er tat dem Richter am Amtsgericht Mühldorf leid.

Den Richter kannte ich von mehreren anderen Prozessen, die ich als Journalist verfolgt hatte. Ein milder Mann. Wenn ich selbst einmal angeklagt bin, würde ich mir ihn wünschen und keinen anderen. Er legte dem angeklagten Wildschützen förmlich in den Mund, was er zu seiner Verteidigung sagen musste: dass er die Reviergrenzen nicht kannte. Ich dachte mir, wenn ein Förster freigesprochen wird, weil er keine Landkarten lesen kann, müsste das eigentlich auch ein Kündigungsgrund sein. Die Schilderungen der Belastungszeugen waren dem Richter einerlei – er sprach den Angeklagten frei. Noch im Gerichtssaal überreichte der Förster dem Jäger, in dessen Revier er den Bock gewildert hatte, die Trophäe. Ich habe sie dem fassungslosen Jäger abgeschwatzt, sie hängt heute in meinem Büro. Meine einzige Trophäe, die ich je aufgehängt habe.

Nach dem Prozess stellte ich mich dem Förster vor und fragte ihn:»Sagen Sie mal, mit Ihrem Reviernachbarn scheinen Sie ja nicht das beste Verhältnis zu haben.«

»Ach der. Wissen Sie, das ist ein traditioneller Jäger. Ich nicht.«

»Wie meinen Sie das?«

»Der hat eine nazimäßige Auffassung von der Jagd. Ich nicht.«

»Meinen Sie jetzt den Nationalsozialismus?«

»Ja. Der jagt nach Prinzipien, die von den Nazis kommen. Unser ganzes Jagdgesetz stammt von den Nazis. Wissen Sie das nicht?«

Ich sagte:»Nein.«

Der Förster stellte sich vor mir dar, als habe er einen Auftrag von historischer Dimension, als müsse er gegen die Nazis vorgehen. Als sei sein konsequentes Vorgehen mit der Schusswaffe gegen Rehe – auch wenn sie gerade im Nachbarrevier herumstehen – ein Sühneakt. Vor meinem geistigen Auge entstand ein Bild, das der Förster offenbar erzeugen wollte: Förster sind Anti-Nazis, Jäger sind tendenziell oder zumindest potenziell rechtsradikal. Und Rehe sind Nazi-Spielzeug. Ich zweifelte. Denn dann würden ja all die Jäger, die ich bis dahin kennengelernt hatte und die sicher nicht vom Auto aus im Nachbarrevier auf Rehe ballerten, dann würden die ja nach äußerst bedenklichen Prinzipien handeln.

So kam ich bei der Recherche ziemlich schnell auf eine Vereinigung von Jagdscheininhabern, die sich als Ökologischer Jagdverein bezeichnet. Durch ihre Publikationen zieht sich dieses Nazi-Narrativ wie ein roter Faden. Der Begriff»waidgerecht«

sei eine nationalsozialistische Idee. Mich ekelte, aber ich wusste noch nicht genau wovor: vor Nazi-Ideologen, die Menschen verachten und Rehe streicheln, oder vor rehfeindlichen Ideologen, die perfide mit einem Nazi-Motiv argumentieren? Ich recherchierte.

Die Antwort las ich in einer Stellungnahme des Wissenschaftlichen Dienstes des Bundestages mit dem Titel »Entstehungsgeschichte des Bundesjagdgesetzes« aus dem Jahr 2004. Nach allem, was der Bundestagsmitarbeiter aus den geschichtlichen Quellen zur Genese der Jagdgesetze schöpfte, fußte das Reichsjagdgesetz, das der spätere Kriegsverbrecher und Völkermörder Hermann Göring im Sommer 1934 erließ, »weitestgehend auf länger gewachsenen Vorüberlegungen« von Fachleuten in Jägerschaft und Behörden. »Im preußischen Ministerium für Landwirtschaft, Domänen und Forsten gab es diese schon zur Amtszeit des Sozialdemokraten Otto Braun als Minister (1918–1921). Die Beamten und die an der Vorbereitung beteiligten Fachleute aus den Jagdverbänden orientierten sich dabei ( ) vor allem an den erneuerten Jagdgesetzen Polens und Rumäniens sowie am stark auf den Naturschutz ausgerichteten britischen Kolonial-Jagdrecht. Zwar verzeichnen die Archive bis zur Amtsenthebung Brauns als Preußischer Ministerpräsident im Februar 1932 keine entsprechenden gesetzgeberischen Initiativen. Als begeisterter Jäger, der große Teile seiner Freizeit im später von Göring okkupierten Jagdrevier Hubertusstock/Schorfheide verbrachte, maß er aber der Jagd und dem Naturerleben – jenseits der rein rechtlichen und materiellen Betrachtungsweisen, auf die sich die Gesetzgebung bis dahin beschränkte – einen hohen ideellen Wert bei und hatte damit gewiss beträchtlichen Einfluss auf den Prozess des Umdenkens, der sich schließlich im deswegen häufig – vor allem auch im Ausland – als besonders fortschrittlich gelobten Reichsjagdgesetz vom 3. Juli 1934 niederschlug.«

Görings eigene Handschrift war demnach nur in der Präambel erkennbar, bei den gesetzlichen Regelungen selbst wird
laut Wissenschaftlichem Dienst des Bundestages eine »Cha-
rakterisierung des Reichsjagdgesetzes als ›Nazigesetz‹ seiner
Substanz und den Abläufen bis zu seinem Inkrafttreten« nicht
gerecht. Die Studie endet mit dem Fazit: »Insgesamt folgt die As-
soziation des Reichsjagdgesetzes mit der Nazi-Herrschaft nicht
aus Wortlaut und Zustandekommen des Gesetzes, sondern aus
der im Verlauf der Folgejahre zunehmend unheiliger werden-
den Allianz mit Person und Rolle des später zum zweiten Mann
der NSDAP aufgestiegenen Reichsjägermeisters Göring. Dass
das Bundesjagdgesetz – unter Wegfall der Präambel – in weiten
Teilen den Duktus des Reichsjagdgesetzes übernommen hat,
rechtfertigt vor diesem Hintergrund nicht die gedankliche Verbindung des Bundesjagdgesetzes mit der Gesetzgebung der Na-
tionalsozialisten und/oder der Person Görings.«

Der Mann, der vor dem Mühldorfer Amtsgerichtssaal die Jä-
ger-Nazikeule geschwungen hatte, der wegen Jagdwilderei angeklagte Förster, war so alt wie ich. Er machte auf mich nicht
den Eindruck, als hätte er seine krude Geschichte selbst aus den
Quellen geschöpft. Er muss es wohl irgendwo erzählt bekommen
haben, wahrscheinlich in der Försterausbildung an der Hochschule, irgendwann in den 1990ern. Die Untersuchung des
Bundestages stammt aus dem Jahr 2004. Wenn ich eine Telefonnummer gehabt hätte, dann hätte ich den Förster angerufen und
ihn aufgeklärt, dass inzwischen neue Erkenntnisse vorliegen.

Stutzig wurde ich aber, als mir genau die gleiche Nazi- und
Jagdgeschichte wieder begegnete. Erneut im Gespräch mit
einem Förster. Nanu, dachte ich mir, warum erzählen sie so was,
obwohl sie wissen müssten, dass es nicht stimmt?

Vollends ernüchtert war ich dann, als mir eine Stellungnahme des »Wissenschaftlichen Beirates für Waldpolitik beim

Bundesministerium für Ernährung und Landwirtschaft« in die Hand fiel. In diesem Papier äußern sich 15 Professorinnen und Professoren zu einer Waldstrategie der Bundesregierung – und hauen wieder auf die Nazi-Pauke. Die heutige Jagdgesetzgebung basiere »in ihrer Ausrichtung nach wie vor auf Anliegen des Reichsjagdgesetzes aus dem Jahre 1934, das weder wichtige wildbiologische Zusammenhänge, Tierschutzaspekte, Biodiversitätsanliegen noch effiziente Kontrollen der Wildtierbestände kannte, sondern die Hege und den Aufbau attraktiver Wildtierpopulationen anstrebte«. Was die 15 Wissenschaftlerinnen und Wissenschaftler da behaupteten, passte nicht zu dem, was hundert Jahre zuvor ein Sozialdemokrat namens Braun an Grundlinien für ein Jagdgesetz erarbeitet hatte und was dort schließlich auch einfloss und zur Jägerpflicht machte, »das Wild nicht nur zu jagen, sondern auch zu hegen und zu pflegen, damit ein artenreicher, kräftiger und gesunder Wildbestand entstehe und erhalten bleibe. Die Grenze der Hege muss freilich sein die Rücksicht auf die Bedürfnisse der Landeskultur, vor allem der Landwirtschaft und der Forstwirtschaft.«

Die Gerichtsverhandlung und der Ausflug in die Geschichte führten eindeutig auf ideologisches Terrain. Mit dem Nazi-Narrativ schnitzten sich die Förster, und sogar hochrangige forstliche Wissenschaftler, eine Kampagne, mit der sie bei vielen Politikern und Journalisten Gehör finden. Mir waren sie fortan suspekt.

Aber wenn schon Wissenschaftler eine Ideologie verbreiteten, was hatte ich dann erst bei meinen Feldrecherchen zu erwarten?

Wenn ich draußen bin und Gesprächspartnern meine Fragen stelle, notiere ich immer fleißig mit. Wenn sie schnell reden, schreibe ich Stichpunkte auf. Sprechen sie bedächtig, notiere ich mehr. Auf meine Aufzeichnungen kann ich mich jedenfalls verlassen. Einen Vorwurf, den ich bei meinen Recherchen von beiden Seiten gegen die jeweils gegnerische hörte, habe ich mehr als einmal notiert. Die Rehhasser sagten über die Rehstreichler: »Was die verbreiten, ist Ideologie.« Und die Rehstreichler sagten über die Rehhasser: »Was die verbreiten, ist Ideologie.«

Wenn das so ist, dachte ich, dann muss eine von beiden Seiten im Recht sein und die andere nicht. Ich wollte es herausfinden.

Zu dieser Zeit arbeitete ich im Feuilleton der *Süddeutschen Zeitung* und hatte mich bis dahin mit anderen Themen beschäftigt. Einige Jahre spürte ich reaktionären Kräften innerhalb der katholischen Kirche nach, ich reiste durch Europa, um über Geschichtsausstellungen zu berichten, und in den letzten Jahren schaute ich immer häufiger auf die Landeskultur. Also auf das, wie Menschen das Land nutzen. Landeskultur ist das, was Menschen aus der Natur machen, indem sie sie kultivieren. Ein Riesenthema, spätestens seit alle über Glyphosat diskutieren, Volksbegehren zum Bienen- und Artenschutz von Erfolg gekrönt sind und mein Nachwuchs den Schulunterricht an Freitagen »for future« opfert. Und so kam ich über Pflanzen und Insekten langsam zu Feldhasen und Rebhühnern – und schließlich zum Reh.

Ich hatte die Wiese hinter dem Bubenberg vor Augen, auf der in meiner Kindheit scharenweise Rehe gestanden waren – und die nun leer war, rehverlassen, gottverlassen. Und gleichzeitig hörte ich im Radio, dass es zu viele Rehe gebe.

Irgendwas ist da faul, dachte ich. Langsam näherte ich mich ihnen, den Rehhassern und den Rehstreichlern.

Die Geschichte der einen geht so: Es gebe zu viele Rehe; so viele Rehe wie heute habe es noch nie gegeben; die Jäger schössen zu wenige Rehe, weil sie zu faul oder zu bequem seien; die Rehe seien daran schuld, dass der Umbau der Wälder von Monokulturen zu Mischwäldern nicht oder schlecht funktioniere; es sei zu teuer, Forstkulturen vor Rehen zu schützen.

Die Geschichte der anderen geht so: Rehe dürften nicht als Schädlinge betrachtet werden; oberste Prämisse bei der Jagd sei der Tierschutz; die Abschusszahlen seien seit Jahrzehnten ohne Auswirkungen auf die Zufriedenheit der Rehhasser auf immer neue Rekordhöhen getrieben worden; Forstkulturen ließen sich einfacher vor dem Wild schützen als mit der Büchse.

Wer sind die einen, wer sind die anderen? Als wesentlich einflussreicher, lauter und aktiver, oft auch aggressiver kam mir schnell die Partei der Rehgegner vor. Als viel leiser, zurückhaltender, ja geradezu apathisch erschienen mir die Rehfreunde. Ob das an einem zahlenmäßigen Übergewicht lag, konnte ich noch nicht sagen. Bei den Rehgegnern formierten sich vor allem Förster und Waldbesitzer, aber auch Naturschützer, was mich aber nur so lange wunderte, bis ich feststellte, dass in deren Verbänden traditionell Förster die Richtung vorgeben, das haben mir Aussteiger ebenso bestätigt wie Mitglieder; all diese Verbände und ihre Funktionäre reklamieren einen Gutteil der Verantwortung im Kampf gegen den Klimawandel für sich. Auf der Seite der Rehfreunde verbuchte ich Jäger, ein paar Tierschützer – und sehr, sehr viele Menschen, die sich am Anblick von Rehen erfreuen und überhaupt kein Verständnis dafür haben, warum sie überhaupt getötet werden sollen.

Am deutlichsten wurde mir das einmal bewusst, als ich an einem Abend im Sommer einem Bekannten beim Bergen eines erlegten Rehbocks half. Wir schleppten den Bock, der einen halben Zentner wog, gut einen Kilometer. Mein Bekannter hatte seinen Wagen neben einem kleinen Wohnhaus abgestellt, in dessen Vorgarten der Bewohner gerade am Grill zugange war. Er sah uns, als wir den Bock Richtung Auto trugen, und kam mit geneigtem Kopf zum Gartenzaun.

»Was habt ihr da?«

»Einen Rehbock. Von da unten im Wald.«

»Warum muss man so was schießen?«

»Wie bitte?«

»Warum man so was schießen muss? Ist das wirklich nötig?«

Es roch nach Grillwürstchen, und ich war sprachlos. Der Fragesteller mit der Grillzange hatte einen gepflegten Bauchansatz, sprach die einheimische Mundart und machte auch sonst alles andere als einen urbanisierten Eindruck. Er musste doch kennen, dass hier auf dem Land Tiere getötet werden. Und wie sich herausstellte, kannte er das auch – aber ein Jagdgewehr war ihm suspekt. Mein Bekannter erzählte ihm von den Abschussplänen, die er erfüllen müsse, und dass ihm andernfalls ein Bußgeld blühe. Der Mann gab sich als Berufsmetzger zu erkennen. Er töte jede Woche Schweine und Rinder. Aber so ein schönes Reh zu schießen – dafür habe er kein Verständnis, Abschusspläne hin, Abschusspläne her. Da war klar: Es muss bei den Rehen eine schweigende Mehrheit geben, und dieser Metzger verkörpert sie.

Meine Aufgabe war es aber, den handelnden Antagonisten in der Rehfrage auf den Busch zu klopfen. Nun wusste ich, wer sich gegenübersteht. Eine große Lobby und eine kleine Lobby.

Vom weisen Salomon hat uns unsere Religionslehrerin in der Grundschule einmal die Geschichte von den zwei Frauen erzählt, die um ein Baby stritten. Beide reklamierten für sich, die Mutter zu sein. Salomon sagte, wenn sie nicht aufhörten zu streiten, bringe er das Kind einfach um. Die Frau, die bitterlich zu weinen anfing, erkannte er als Mutter. Ihr sprach er das Baby zu. Ich weiß, dass das biblische Urteil schwerlich als Gleichnis für die Rehfrage herangezogen werden kann. Doch grundsätzlich ist mir schon mal die Partei weniger suspekt, die sich gegen das Töten wehrt und für unblutigen Pflanzenschutz eintritt, als eine Gruppe, die genau das fordert: schießen statt Zäune bauen.

Nach wenigen Wochen meiner Recherche wusste ich, dass ich mich auf das wohl verlassen kann, was mir zu Hause und im Religionsunterricht der Grundschule eingepflanzt wurde: Gerechtigkeitssinn. Oder soll man so was Instinkt nennen?

Ich lebe seit meiner Geburt in Bayern. Der Freistaat – das habe ich auch ziemlich bald herausgefunden – ist so etwas wie die Brutstätte des politischen Konflikts um Rehe. Das hörte ich von einem Österreicher, dem Ökologen Friedrich Reimoser. Und ich las es bei einem Umweltschützer aus Nordrhein-Westfalen. Der Vorsitzende des Bundes Naturschutz NRW, Holger Sticht, schrieb in seiner im Juni 2021 erschienenen Untersuchung »Wald und Huftiere, Artenschutz und Karnivore«, der in den »1970er Jahren durch den bayerischen Bund Naturschutz geprägte Leitsatz ›Wald vor Wild‹ problematisiert nicht Paarhufer an sich, sondern das Phänomen, dass Jäger diese wilden Tierarten gebietsweise wie in einem Freiland-Zoo hegten«.

Wenn dem Reh heute auf politischer Ebene extrem zugesetzt wird, führe ich das auf die jüngere bayerische Geschichte zurück. Genau genommen auf die CSU. Solange ich denken kann, hat in Bayern die CSU regiert. Als ich sozialisiert wurde, war Franz Josef Strauß Ministerpräsident. Für die einen verkörperte er den monarchietauglichen Landesvater, nach dem sie sich sehnten, für die anderen war er die Inkarnation des Paradebonzen. Strauß war Jäger. Und wenn Horst Stern und seine Freunde aus der Forstökonomie mächtige Männer aus Politik, Adel und Industrie ins Visier nahmen, die zum privaten Vergnügen Hirsche und Rehe züchteten, dann meinten sie Strauß und Konsorten. Wenn das Reh in manchen Kreisen ein Imageproblem hat, dann kommt es vielleicht davon, dass es von der CSU protegiert wurde.

Seit dem 1970ern hat sich in der bayerischen Reh-Politik nichts verändert, obwohl die Züchterei längst Geschichte ist und die Paarhuferpopulationen längst stärker bejagt werden: SPD und Grüne, bei denen in Wald- und Wildangelegenheiten seit ihrer Gründung im Jahr 1979 Förster den Ton angeben, setzen sich für immer noch höhere Abschusszahlen ein, ignorieren Alternativvorschläge aus der Wildökologie und fordern sogar den Einsatz von Nachtzieltechnik bei der Rehwildreduzierung. Bis vor wenigen Jahren kam diese Technik nur in militärischen Auseinandersetzungen zum Einsatz. Dann wurde sie in der Jagd erlaubt, um die Verbreitung der Afrikanischen Schweinepest bei den Wildschweinen zu stoppen. Und jetzt sollen Nachtzielgeräte beim Waldumbau helfen? Bei diesem Gedanken bekomme ich Gänsehaut. Wäre ich ein Reh, würde ich heute in Bayern wohl die CSU wählen. Der Vorsitzende des Jagdverbandes sitzt für diese Partei bis Herbst 2023 im Landtag.

REHSTREICHLER UND REHHASSER

Den Jäger Franz lernte ich auf der Einfahrt zu seinem Hof kennen. Er begrüßte mich mit einem festen Händedruck und duzte mich sofort. Ein einfacher Mann, der in seinem Leben immer alle Leute geduzt hatte und den alle duzten. Seine Mutter war früh gestorben, er wuchs bei Bauern auf, heiratete früh, wurde früh Vater und dann Mitte der 1980er Jäger. Erst war er Fernfahrer, dann arbeitete er bei der Bahn – im Schichtdienst. Warum er Jäger wurde, konnte er mir nie wirklich erklären.

Von seinem Haus aus schaute man auf einen für das Tertiärhügelland Niederbayerns typischen Hügel. Franz redete nicht besonders viel. Er zeigte auf den Hügel. »Schau«, sagte er, »da sind Rehe. Aber da wird nicht geschossen. Das ist der heilige Berg. Auf dem heiligen Berg wird nicht geschossen.« Sein Revier war groß genug, dass er nicht vor seinem Haus jagen und den heiligen Berg mit Blut tränken musste. An diesem Abend stellte ich mir Franz vor, wie er als Schamane Richtung heiligen Berg tanzte und die Rehe beschwor. Am nächsten Abend kam er mit seiner Büchse aus dem Haus und nahm mich mit zur Jagd. Wir stiegen in eine seiner Kanzeln, einen Kilometer vom heiligen Berg entfernt, und öffneten die Fenster.

Es war ein Abend im Mai. Franz erzählte, was er gerade wieder gelesen hatte; er bildete sich ja ständig fort. Dass Waldameisen zwei Stunden vorher spüren, wenn ein Gewitter heranzieht, und dass sie sich rechtzeitig in Sicherheit bringen zum Beispiel. Und dass sich die Menschen früher, als sie noch mit der Natur lebten, an den Waldameisen orientierten und sich allmählich buchstäblich vom Acker machten, wenn sich die Waldameisen verkrochen und es dunkler wurde am Firmament. Und dass er auch ein paar Ameisenhaufen im Revier habe, und zwar dort, wo die Ameisen die richtige Mischung aus Wärme und Feuchtigkeit vorfinden. Dort seien übrigens auch die Bäume gesund. Deswegen pflege er die Ameisenhaufen, na ja, pflegen könne man sie ja nicht, dazu seien Ameisen zu selbstständig, aber zumindest schütze er sie vor dem Dachs, der so einen Haufen schnell mal umgraben kann, wenn er Ameisenlarven als Feinschmeckermahlzeit entdeckt hat. Er baut einen Zaun um den Haufen, der dem Dachs die Lust auf Ameisen nimmt.

Hinter uns knatterte es. Ein Specht, so viel wusste selbst ich noch. Er hämmerte gegen einen Baum, um an Insekten oder ihre Larven zu kommen. Sie müssen schmackhaft sein für Spechte, die wie viele Vögel überhaupt erst mal tierisches Eiweiß benötigen. Der Specht haut mit einer Wucht auf die Rinde toter Bäume, dass ihm spätestens nach drei Schnabelhieben der Schädel brummen müsste wie einem Schwergewichtsboxer, der Schläge von einem anderen Schwergewichtsboxer auf die

Birne bekommt. Allein das Gehirn dieses Vogels sei so eingerichtet, dass es nicht mit jedem Schnabelhieb gegen die Schädeldecke pralle, was wiederum das Hirnschmalz des Vogels schone, erzählte mir Franz. Ornithologen mögen das vielleicht noch detaillierter erklären, aber mir reichten die Ausführungen von Franz, um mich darüber zu wundern, was ein Jäger wusste. Es waren komplexe Fragen, die man sich erst mal stellen muss und die ich einem Menschen mit einer Bockbüchsflinte in den Kalibern 12 x 70 und 6,5 x 57 R wohl eher nicht zugetraut hätte.

Als es dunkler wurde, ließen sich Rehe blicken. Eine trächtige Geiß, es folgte eine Geiß mit einem sehr jungen Kitz, es machte wohl die ersten Schritte. Dann zog ein Bock vor uns vorbei. Franz schaute ihn mit dem Fernglas an. Ein älterer Bock, wahrscheinlich vier Jahre alt dem Geweih nach zu schließen. Doch dieser Bock wirkte etwas mitgenommen. Böcke dieses Alters platzen normalerweise fast vor Potenz und Selbstvertrauen. Dieser Kerl hatte eine Macke, ständig wackelte er mit dem Haupt.

Er kam näher, auf 120 Meter, 100 Meter, 80 Meter, 50 Meter. Dann stellte er sich breit hin. Das heißt, wir sahen seine Breitseite. Der Bock äste im Klee. Ich fragte mich, warum Franz nicht allmählich zu seiner Büchse griff, als er seine Augen zu mir drehte und mit dem Kopf eine verneinende Bewegung machte. Er wollte noch beobachten.

Einem Reh beim Äsen zuzuschauen entspannt. Leider ist das immer weniger Menschen vergönnt, weil sich Rehe kaum noch bei Tageslicht blicken lassen, wo es noch welche gibt. Jeder, wirklich jeder Rehanblick ist ein Erlebnis, auch wenn Rehe nicht so majestätisch auftreten wie manche Böcke oder so seltsam verschlagen wie dieses Exemplar vor Franz und mir. »Hörst du?«, flüsterte Franz mir zu. Ich schüttelte leicht den Kopf.

»Der hat Probleme mit dem Atmen.«

Ich konzentrierte mich aufs Hören. Nichts.

»Hör genauer hin!«

Da vernahm ich es. Es war ein Geräusch, das nach Mühsal klang. Der Bock musste sich anstrengen, um Luft in den Windfang zu bekommen.

»Kennst du dich aus?«, fragte Franz.

»Rachendasseln?«, fragte ich zurück.

Franz nickte.

Dassellarven sind so ziemlich das Ekligste, was man sich vorstellen kann. Wenn ich ein Drehbuch für einen Film schreiben müsste, bei dem den Zuschauerinnen und Zuschauern im Kino so übel wird, dass sie in Scharen aus dem Saal laufen, um sich zu übergeben, dann würde ich mich von Dassellarven inspirieren lassen. Die Rachendasselfliegen schießen ihre Eier im Vorbeifliegen in den Windfang von Rehen. Die Eier nisten sich in den Atemwegen ein und wachsen zu bis zu drei Zentimeter langen madenartigen Larven heran. Die Rehe haben dann ihre liebe Mühe mit den verstopften Atemwegen.

Franz griff zu seiner Büchse, kontrollierte noch mal, ob sie geladen war, legte sie an und visierte den Bock durchs Zielfernrohr an. Ich wollte schlucken, aber es ging nicht. Mein Mund war trocken. Franz spannte sein Gewehr. Er holte tief Luft und blies sie aus, mit dem letzten Atem pfiff er. Der Bock erhob sein Haupt, als fragte er sich, was ihm gepfiffen hat, da knallte der Schuss. Der Bock fiel. Stille. Stille. Stille. Er war auf der Stelle tot. Perfekter Schuss. Wir warteten noch eine Weile, dann stiegen wir die Kanzelleiter hinunter. Franz riss Zweige von einer Fichte: Einen legte er dem Bock auf die Wunde an der Schulter, einen schob er ihm in den Äser. Der letzte Bissen, ein uralter Brauch. Damit erweisen Jäger dem erlegten Mitgeschöpf Ehre. Dann hielt Franz inne, als würde er beten.

Im Auto redete Franz.

»Weißt du, warum wir nicht früher geschossen haben?«

Ich schaute Franz an und schwieg.

»Das war ein starker Bock, der an sich gesund ausgeschaut hat. Überleg mal, was passiert, wenn du so einen starken Bock wegschießt. Der ist in diesem Waldstück der Platzbock. Der Chef. Junge Böcke probieren es hier gar nicht erst, und wenn doch, vertreibt er sie schneller, als sie schauen können. Wenn du jetzt so einen Bock schießt, bekommst du ein Problem. Wenn kein Chef mehr da ist, gibt es ein Vakuum. Dann hast du auf einmal fünf, sechs gleich starke Böcke da und die konkurrieren untereinander, dass die Fetzen fliegen.«

Ich erinnerte mich an mein Geschichtsstudium, an die Diadochenkämpfe nach dem Tod von Alexander dem Großen im Jahr 323 vor Christus und an den Landshuter Erbfolgekrieg der Wittelsbacher vor 520 Jahren. Unter Alexanders Söhnen und unter den bayerischen Herzogsaspiranten flogen auch die Fetzen. Bei den Rehböcken, wandte ich ein, wird sich einfach der stärkere durchsetzen und Darwin recht geben, damit passt es auch. »Na und?«, fragte ich.

»Wenn du einen starken Bock stehen lässt, hast du wesentlich weniger Schaden an den jungen Bäumen. Schießt du ihn, kommen die halbstarken, und jeder von ihnen fegt erst mal alles kurz und klein, was ihm vor die Hörner kommt. Also schau dir deine Rehe erst mal genau mit dem Fernglas an, bevor du sie ins Zielfernrohr nimmst.«

Alle Bücher, die ich dazu las, geben Franz recht. Und nicht nur die Bücher. In Bayern gibt es »Richtlinien für die Hege und Bejagung des Schalenwildes«, die vom Landwirtschaftsministerium erlassen wurden. Dort steht: »Eine zielführende Schalenwildhege erfordert eine der natürlichen Auslese nahe kommende Bejagung. Die Bejagung muss daher auf die Erhaltung oder Herstellung einer natürlichen Altersstruktur beim männlichen und weiblichen Wild sowie eines richtigen Geschlechtsverhältnisses gerichtet sein. Eine artgemäße Gliederung der Wildbestände nach Alter und Geschlecht ist für das Wohlbefinden und die Gesundheit des Wildes von wesentlicher Bedeutung und trägt zur Verminderung von Wildschäden bei.«

Diese Richtlinien wurden im Jahr 1988 erlassen; sie gelten heute noch. Mir ist schleierhaft, warum Jägerinnen und Jäger sie nicht viel öfter heranziehen, wenn sie sich im Streit mit Förstern und Waldbesitzern behaupten müssen, weil sie nicht alles sofort umlegen, was ihnen vors Gewehr kommt.

Mit Karl, einem anderen Jäger, bin ich einen Nachmittag durchs Revier gestreift, und wir haben keine einzige Pflanze gesehen, die irgendwelche Spuren von Rehen aufwies. Weder Verbiss noch Fegeschäden. »Die Förster bescheinigen mir in den Vegetationsgutachen, dass alles passt. Aber die Abschusszahlen wollen sie trotzdem nicht senken.« Auf Karl bin ich nach langer Suche gekommen. Ich wollte unbedingt einen Jäger kennenlernen, der großen Wert auf starke Bocktrophäen legt. Karl steht dazu, ihm gefallen Trophäen, vielleicht ist es sein Fetisch. Er füttert seine Rehe von September bis April. Damit verstößt er gegen die jagdlichen Bestimmungen, das ist ihm klar. Denn in den bayerischen Verordnungen ist geregelt, dass das Wild in Notzeiten – und zwar nur (!) in Notzeiten – zu füttern sei. Karl sagt, wenn im September der Mais geerntet werde, sei das für Rehe erst mal ein richtiger Ernteschock. Also füttert er Apfeltrester, dazu mischt er manchmal Hafer. Früher habe er sogar Kraftfutter-Präparate dazugeschüttet, davon sei er abgekommen. Es geht auch so. »Jedenfalls habe ich keinerlei Verbiss – und zwar weil ich füttere.«

»Aber das ist doch unnatürlich!«, wandte ich ein.

»Warum?«, entgegnete Karl.

»Na ja, in der freien Wildbahn gibt es für die Rehe nun mal nicht portionsweise Apfeltrester mit Haferflocken.«

»Was meinen Sie mit freier Wildbahn?«

»Na, alles, was wir hier sehen. Die Felder, der Wald.«

»Diese Maisfelder sollen Natur sein? Und diese Fichtenplantage da drüben? Das soll Natur sein? Nein. Das ist Kultur, mein Freund! Und wenn wir so tun, als müssten sich die Rehe auf natürliche Weise unseren kulturellen Vorstellungen anpassen und unsere Kulturen nicht stören, dann sind wir ganz schön ungerecht zu den Tieren. Ich ermögliche ihnen mit meiner Fütterung, dass sie in unserer Kulturlandschaft klarkommen, ohne Schaden anzurichten.«

»Schon mal was von der Notzeiten-Regelung gehört?«

»Ich pfeife auf diese Notzeiten! Vor 50, 60 Jahren gab es hier so gut wie gar keine Maisfelder. Heute wachsen sie jedes Jahr innerhalb von fünf Monaten von null auf 2,50 Meter und bieten den Rehen perfekte Deckung. Äsung finden sie auch. Und plötzlich, von einer Stunde auf die andere, stehen die Tiere dann wieder ohne Mais da, zurückgeworfen auf einen Lebensraum, dem sie entwöhnt sind. Das ist eine Notzeit, Mann!«

Karl sagte, er habe einen gigantischen Rehwildbestand. Und vor allem richtig, richtig gute Böcke. »Diese starken Recken lasse ich stehen. Erst wenn sie abbauen, kommen sie weg. Man erkennt das am Geweih.« Ich verstand auf einmal, was mit dem Begriff »Ernteböcke« gemeint ist.

»Das, und nur das ist der Grund, warum ich so gut wie keinen Fegeschaden im Revier habe. Das regeln die Böcke untereinander, dass hier nicht wie wild herumgefegt wird.«

»Und die Bauern? Was ist mit den Bauern? Regen sich die nicht auf, wenn sie so viele Rehe sehen?«

»Warum sollen sie sich aufregen, solange die Rehe so gut wie keinen Schaden anrichten? Auch ein Bauer freut sich doch, wenn er ein Reh sieht. Sind ja wunderbare Tiere.«

Ob er schon mal was von Anpassung der Rehwildbestände

an die Landeskultur gehört habe, wollte ich wissen. Bei Karl kam ich mir vor wie ein Forststudent, der nicht wahrhaben wollte, was er gerade erlebte, weil ihm in der Hochschule ganz andere Theorien vermittelt worden waren.

»Die Frage können Sie sich selbst beantworten. Was ist natürlicher? Ein Schuss mit einer Repetierbüchse Kaliber 30–06, bei dem ein Tier getötet wird, oder ein paar Schaufeln voll Apfeltrester mit Hafer? Als Jäger muss ich es an den Rehen merken, ob sie zu viele werden. Wenn die Kitze schwach ausfallen, wenn keine gescheiten Böcke nachkommen. Dann wüsste ich, was ich zu tun habe. Aber so weit ist es in unserem Revier noch nicht gekommen. Bei meinem Großvater nicht, bei meinem Vater nicht, und bei mir auch nicht.«

Karls Revier ist ein Totschlagargument gegen Förster, die ständig höhere Abschusszahlen fordern. Im Eingangsbereich seines Bauernhauses hängen Dutzende Rehbock-Trophäen. Muss man mögen. Alles kapitale Burschen.

Er gab mir eine Broschüre mit dem Titel »Richtige Rehwildbewirtschaftung führt zum großen Walderfolg!« mit. Urheber ist ein gewisser Franz Xaver Namberger, Jagdpächter in der Nähe von Traunstein, Oberbayern, und so etwas wie ein wildbiologischer Autodidakt. Oder sagen wir Tüftler. Er hat sich die Devise »Wald mit Wild!« auf die Fahnen geschrieben und betreibt einen regen Futterhandel.

1999 hatte Namberger ein 560 Hektar großes Jagdrevier von seinem Vater übernommen. Der Jahresabschuss lag bei 29 Rehen, der behördliche Dreijahresabschussplan bei 127 Rehen. Trotz dieser hohen Quote sei der Verbiss im Wald sehr hoch und keinesfalls tragbar gewesen. Namberger begann zu tüfteln. Die Bauern bestätigten ihm: Wo versucht wurde, möglichst alle Rehe zu erlegen, sei der Verbiss seit 50 Jahren nicht so schlimm gewesen wie jetzt. Namberger erstellte eine Ursachenliste:

- zu lange Schusszeiten,
- zu lange und falsche Kirrung, das heißt Ausbringung von Futter
- Mangel an Fütterung bedingt hohen Verbiss von Februar bis April
- mangelnde Ruhe im Winter
- Drückjagden bringen massive Störungen (Abschuss führender Geißen, Schuss auf flüchtige Rehe)
- zu hoher Abschuss, dadurch viel zu hoher Jagddruck
- Mangel an Futterplätzen
- Eigenbewirtschaftungen (Verbiss wird dadurch nur schlimmer)

»Grundsätzlich bin ich froh«, sagt Namberger, »dass niemand die Rehe gänzlich ausrotten kann! Doch das Überraschendste ist: Es entsteht ein wesentlich größerer Verbissschaden, wenn nur geschossen und nicht gefüttert wird. Ein Reh benötigt im Winter durchschnittlich 450 Gramm Futter am Tag. Von November bis April ergibt das zusammen circa 85 Kilogramm pro Reh. Wenn man jetzt diese 85 Kilogramm in Leit- und Seitentriebe umrechnet, kommen sehr viele Bäumchen zusammen!« Daraufhin entwickelte er sein eigenes Wildfutter. Nach wenigen Jahren habe sich insoweit Erfolg eingestellt, als die Waldbauern mit dem Jäger zufrieden waren und einem Absenken der Abschusszahlen auf etwa 20 Rehe pro Jahr zustimmten. »Durch meine Fütterung und normale Jagd konnte ich bereits im Jahr 2003 feststellen, dass der Fichten- und Tannenverbiss nicht mehr vorhanden war. Im Idealfall äst das Rehwild neben meinem Futter auch Springkraut und Brombeerblätter.«

Nambergers Rezept für eine wald- und wildfreundliche Jagd lautet: 1. Füttern, 2. Völlige Jagdpause ab Mitte Oktober, 3. 95 Prozent der Jagd im Wald, 4. Im Februar bestreichen von

Holundersträuchern mit Salzpaste und Anis, um Fegeschäden zu minimieren, 5. Die Böcke alt werden lassen.

Das Wildbretgewicht habe er mit dieser Methode von durchschnittlich 11 auf 20 Kilogramm gesteigert. Die Rehe täten sich an Springkraut und Brombeeren gütlich, und selbst gepflanzte Verjüngung gedeihe in einem Maße, das Waldbauern zufrieden stimme. Sein Mantra: »Hoher Wildbestand, richtige Fütterung, super Waldzustand.«

Ich fragte mich, warum mir der Name Namberger und das Konzept dieses Mannes erst so spät begegneten – zwei Jahre nachdem ich meine Reh-Recherchen begonnen hatte. Ich erkundigte mich bei den Bauern, ob seine Angaben stimmen. Keiner von ihnen behauptete, er würde lügen.

Das machte mich stutzig. Warum liest man in den Zeitungen immer nur Berichte von Forstleuten, die über Rehe klagen und stets noch höhere Abschusszahlen einfordern? Warum liest man nur von Verbissdruck, Verbissdruck und Verbissdruck? Warum liest man nichts von Franz Xaver Namberger? Warum gehen solche Ideen unter?

Weil sich die Forstlobby geschickter verkauft? Wahrscheinlich. Man muss sich nur einmal vor Augen führen, welchen Apparat sie an den Universitäten zur Verfügung hat. Kritiker wie Peter Wohlleben stellen die Art des von den konventionellen Förstern betriebenen Waldbaus infrage und finden öffentlich Gehör. Doch die Forstmaschinerie ist so unverrückbar eingerichtet und so vielschichtig bis in Ministerien, Naturschutzverbände und Landratsämter organisiert, dass selbst ein populärer Störenfried wie Wohlleben abprallt wie eine Fliege an einer Panzerglasscheibe.

Kaum zu glauben, über was man im Forstbereich alles forschen kann! Da gibt es eine Professur für Waldinventur und nachhaltige Nutzung, die Diversifizierungsstrategien entwirft und dabei Methoden aus der Entscheidungstheorie, der Unternehmensforschung und der modernen Finanztheorie auf forstwissenschaftliche Fragestellungen und auf Landnutzungsprobleme überträgt. Da gibt es einen Lehrstuhl für Wald- und Umweltpolitik, der Kommunikationsstrategien entwickelt und über Meinungsbildungsprozesse im Umfeld des Waldes forscht. Er liefert frei Haus und mundgerecht Studien, wie »die Geschichten um die ökologische Jagd« zu erzählen seien, nämlich zum Beispiel, dass man in öffentlichen Auftritten tunlichst nicht von Wirtschaftswald sprechen solle, sondern von Waldbiodiversität. Die Forstwelt hat ihre eigenen Medienforscherinnen und ihre eigenen Betriebsmathematiker, die sich auf dem Wald eigentlich fernen Feldern wie der Informatik umtun. Wollte man die bayerische Universitätsforstwirtschaft noch besser ausstatten, könnte man ihr noch Professuren für Waldphilosophie oder für Medizinische Probleme von Waldarbeitern zuschanzen. Was ich damit sagen will: Den Förstern stehen richtig viel Geld und Personal zur Verfügung, um Politik zu machen. Politik gegen Rehe. Aber sie brauchen auch Personen, die ihre Geschichte erzählen.

Das Problem ist: Die Geschichte muss anders erzählt werden, als sie wirklich abläuft. Ich übe mich jetzt mal in der Diktion der Influencer: In Wirklichkeit haben die Förster es irgendwann verbockt mit dem Wald. Sie haben Monokulturen angebaut. Fichten, Fichten, Fichten. Und genau das haben sie auch den Waldbesitzern empfohlen: Baut Fichten an, Fichten, Fichten, Fichten. Dann wurde den Förstern klar: Monokulturen sind schlecht. Aber: Es war schon zu spät. Jetzt mussten sie möglichst schnell eine neue Lösung finden. Den Mischwald. Lässt sich aber nicht so einfach herzaubern, so ein Mischwald. Und dann gibt es ja auch noch die Tiere. Rehe. Krise! Also müssen die Rehe weg. Nicht einfach. Killen? Na klar, killen. Wie sagt man das den Leuten und bleibt trotzdem ein netter Förster? Am besten nichts von den alten Fehlern sagen und nichts vom Töten. Am besten erzählen, den Rehen geht es besser, wenn es weniger sind. Und sagen, dass es noch nie so viele waren. Bambi! Oh Gott, Bambi! Wenn die Leute auf Bambi kommen, ist es schlecht für das Image von Förstern. Wir brauchen Typen, die den Leuten sagen: Bambi geht es besser, wenn wir die Schwester von Bambi killen. Und wir brauchen Leute, die diesen Typen sagen: Mann, ihr seid gut! Solche Leute finden wir locker: Waldbesitzer, die Borkenkäfer haben. Wir sagen ihnen: Du kannst einen Mischwald haben, gratis. Du musst nur die Schwester von Bambi killen lassen. Wir kennen Bambikiller. Wir loben ihn. Du lobst ihn. Fertig.

Diese Marschroute wurde in den Schaltzentralen der Forstwirtschaft spätestens vor 50 Jahren festgelegt. Im Dezember 1971, am Heiligen Abend um 20.15 Uhr auf dem Fernsehsender ARD, begann eine neue Zeitrechnung für Wildtiere. Der Fernsehjournalist Horst Stern prangerte an, dass die Hirsche einen besseren, ökologischeren Waldbau verhinderten, weil die Jäger sie nicht davon abhielten. Als Gewährsmann trat ein bayerischer Staatsförster in Erscheinung, der seither als Retter des Waldes vor dem Wild gefeiert wird.

Die Geschichte spielte sich – mal wieder – in Bayern ab. Was Horst Sterns Gewährsmann bemängelte, traf wohl uneingeschränkt zu: Die Jäger hegen zu ihrem Vergnügen Hirsche und schauen nicht ansatzweise darauf, welchen Schaden diese Tiere im Wald anrichten. Mit »den Jägern« hatte er reiche und mächtige Männer im Visier: CSU-Politiker und deren Freunde und Konzernchefs. Ihnen ging es um möglichst üppige Hirschgeweihe, die sie sich als Erleger über den Kachelofen hängen wollten. Sterns Protagonist, der junge Forstmann Georg Sperber, kompromittierte die Jagdlobby vor laufender Kamera und setzte dabei seine eigene Laufbahn aufs Spiel. Aber er hatte recht.

Der Beitrag war epochal. Er änderte den Umgang mit Paarhufern komplett. Was aber in der heutigen Diskussion über Horst Stern und seinen Film zur Waldentwicklung oft vergessen wird, ist die Tatsache, dass er die Forstpolitik und die Förster selbst attackierte, als er feststellte, der deutsche Wald sei »krank bis auf den Tod« und kritisierte, dass die Forstwirtschaft aus dem Wald eine »baumartenarme naturwidrige Holzfabrik« gemacht habe. Wild, hier Rotwild, war schon damals ein Sekundärproblem.

In Bayern hatte man sich schon in den 1960er-Jahren dazu durchgerungen, Rotwildgebiete auszuweisen. Eine ministerielle Verordnung definierte genau abgegrenzte Gegenden, in denen Hirsche in freier Wildbahn leben dürfen. Sobald sie diese Reservate verlassen, sind sie zu töten. Diese Tierart hat nun ein großes Problem: Wie Wildtierforscher der Uni Göttingen herausfanden, haben nur noch die wenigsten Populationen eine Größe, die sie vor Inzucht schützt. Die Rothirsche können sich aufgrund der engen räumlichen Begrenzung nicht mehr genetisch miteinander vermischen. Die Tiere büßen bei einem zu kleinen Genpool das Potenzial ein, sich an Veränderungen wie den Klimawandel anzupassen. Von einigen isolierten Rotwild-Populationen in Hessen und Schleswig-Holstein seien schon Unterkiefer-Verkürzungen bekannt. Nach Ansicht der Wissenschaftler sind diese Verkümmerungen ein untrügliches Zeichen dafür, dass das Problem bereits seit vielen Jahren besteht. Der Umweltjournalist Horst Stern, im Jahr 1975 Mitbegründer des Bundes für Umwelt und Naturschutz in Deutschland und einer der Urheber des Ökologischen Jagdvereins in Bayern, ist im Jahr 2019 gestorben. Er fungierte als prominentes Sprachrohr der Forstwirte. Ich bin mir nicht sicher, ob und wie er über die

Forschungsergebnisse der Göttinger Wissenschaftler zur lang-
samen genetischen Verkümmerung der Hirschpopulationen berichten würde. Aus den von Förstern dominierten Naturschutzverbänden habe ich dazu bislang nichts vernommen.

Wie weit Naturschutz und Tierschutz beim Thema Paarhufer auseinanderliegen, lässt sich an diesem Beispiel am besten aufzeigen. Denn der Rechtskommentar von Almuth Hirt,
Christoph Maisack und Johanna Moritz aus dem Jahr 2016 zum
Tierschutzgesetz widmet der Frage »Totalabschuss von Rothirschen?« einen eigenen Abschnitt. In mehreren Bundesländern
seien durch Rechtsverordnung Rotwildbezirke festgelegt worden, in denen »sich keine Rothirsche aufhalten dürfen bzw. ab-
geschossen werden müssen, sobald sie gesichtet werden. Eine
solche Vorgehensweise mag zwar der früher angenommenen
Vorrangstellung der Eigentümerinteressen gegenüber der Hege
(›Wald vor Wild‹) entsprochen haben.« Der heute durch Artikel 20a im Grundgesetz geforderten Abwägung mit den »Wohl-
befindens- und Unversehrtheitsinteressen der Tiere« werde sie
jedoch nicht mehr gerecht. Beim Erstellen von Abschusspla-
nen sei »im Sinne des Verhältnismäßigkeitsgrundsatzes auch
die Suche nach tötungsfreien Alternativen einzubeziehen«. Das
bedeutet, dass auch »nach Managementmaßnahmen zur Po-
pulationsregulierung und Schadensvermeidung unterhalb der
Schwelle des Tötens gesucht werden« muss.

Wenn ich diese Ausführungen von Tierschutzjuristen den
Äußerungen von Naturschützern gegenüberstelle, tun sich be-
achtliche Diskrepanzen auf. Zum Beispiel fordert der Vorsitzende vom Bund Naturschutz Bayern, Richard Mergner, eindeutig
letale Maßnahmen: »Hunderte von Millionen an Steuermitteln
sollen kein Rehfutter, sondern zukunftsweisende Investitionen
in klimastabile Wälder von morgen werden.« In mehr als der
Hälfte der bayerischen Jagdreviere seien die Wildbestände zu

hoch, sodass junge Laubbäume und Tannen nicht ohne teure Schutzmaßnahmen wachsen könnten. »Der Wald zeigt, ob die Jagd stimmt«, sagt Mergner. Als Tierschützer könnte man erwidern: Das Verhalten zum Rotwild zeigt, ob der Naturschutz stimmt. Und beim Blick auf gefährdete Wildvogelarten müsste man ergänzen: Auerhahn und Haselhuhn zeigen, ob die Forstwirtschaft stimmt.

Mit meinen Bedenken konfrontierte ich Funktionäre vom Bund Naturschutz. Und mit den Ungereimtheiten in ihren Forderungen. Die einen Tierarten müssen nach den Forderungen der Naturschützer bis aufs Blut bekämpft werden wie Ratten, die die Pest verbreiten. Für die anderen sind keine Schutzmaßnahmen zu teuer.

Wie könnt ihr, fragte ich, einerseits von einer alten Oma, bei der sich Fuchs und Habicht fünf von ihren zehn Hühnern geholt haben, den Bau eines fuchssicheren Schutzzauns und das Aufspannen habichtsicherer Schutznetze fordern und andererseits das Einzäunen von Pflanzen aus der Baumschule ablehnen?

Wie könnt ihr, fragte ich, in einem Atemzug großzügige Entschädigungen für Landwirte fordern, deren Maschinen beim Sturz in Bibergänge kaputtgehen, deren Wiesen wegen der Biberdämme unbrauchbar geworden sind und deren Maisernte in nennenswerten Mengen dem hungrigen Biber zum Opfer fallen, und gleichzeitig fordern, dass die Bestände von Rehen und Hirschen auf ein Maß zusammengeschossen werden, bei dem keine Bissschäden mehr spürbar sind?

Wie könnt ihr, fragte ich, von den Teichwirten fordern, dass sie die Fraßschäden von Kormoranen, Gänsesägern und Graureihern erdulden und gegen die Fischotter Elektrozäune errichten, und gleichzeitig jegliche Schutzmaßnahmen im Wald gegen Paarhufer als rausgeschmissenes Geld bezeichnen?

Ich stelle klar: Ich finde es großartig, dass der Biber wieder heimisch geworden ist in Deutschland – und zwar so heimisch, dass die Biberberater nicht mehr wissen, wo sich die Tiere überhaupt noch weiter ansiedeln könnten, weil die Population so ausgedehnt ist. Ich finde es auch großartig, dass es viele Füchse gibt. Und obwohl ich auch gern angle und mir jeder Fisch leidtut, der angeknabbert und qualvoll verendet neben unserem Bach liegt, obwohl ich ihn also als unliebsame Konkurrenz betrachten könnte, finde ich es großartig, dass sich der Fischotter wieder ausgebreitet hat. Und ich erfreue mich der wunderbaren Wasservögel. Nur warum gilt bei all diesen Tieren, die es noch oder wieder in großen Mengen gibt, in den Augen von Naturschutz-Funktionären ein völlig anderes Schutzprinzip als bei Rehen, Hirschen und Gämsen? Warum blenden sie hier aus, was im Kommentar zum Tierschutzgesetz steht: »Unberücksichtigt bleibt auch, dass es einen Anspruch auf vollständige Freiheit von Wildschäden weder für Land- noch für Forstwirte geben kann und diese selbst durch eine ortsangepasste, vernünftige Bewirtschaftung zur Schadensvermeidung beitragen müssen.« Ist das nicht zynisch? Es ist zynisch. Und zwar hochgradig!

Als Antwort bekam ich die noch zynischere Auskunft, dass es den Rehen ja wesentlich besser gehe, wenn ihre Bestände »angepasst« werden. Denn dann entfalle der enorme innerartliche Stress. Die Tiere seien kräftiger und schwerer. Eine von einem Vertreter des Ökologischen Jagdverbands im April 2022 vorgelegte Aufzeichnung über die Strecken in einem extrem scharf bejagten Rehrevier zeigte, dass eher das Gegenteil richtig ist: Es wurden über vier, fünf Jahre deutlich mehr Rehe erlegt als zuvor, doch ihr Gewicht fiel eher geringer aus.

In den Jagdrevieren, in denen ich in den letzten Jahren unterwegs war und in denen auf die Schädlingsbekämpfungskonzepte tunlichst verzichtet wird, die von Forstökonomen empfohlen werden, konnte ich nicht beobachten, dass die Rehe schwach waren. Vielmehr berichteten mir Wildbrethändler, dass sie eher knochige und kümmerlich leichte Stücke ausgerechnet von den Lieferanten beziehen, die Rehe nach dem Prinzip »Zahl vor Wahl« töten, also wahllos herumballern. »Kein Wunder«, sagte einer dieser Wildbrethändler, »wenn man im Oktober Geißen bekommt und erst im Dezember oder im Januar die Kitze.« Ohne ihre Mütter finden sich die Kitze beim Fettpolsteranhäufen für den Winter nicht besonders gut zurecht, sie bleiben wesentlich schwächer als Altersgenossen mit mütterlicher Führung.

Sind Rehe in Revieren, in denen nach den Prinzipien der Forstökonomen und nicht nach den allgemeinen Richtlinien gejagt wird, tatsächlich gesünder? Genau für diese Frage gibt es Hegeschauen. In Bayern sind sie immer noch gesetzlich verordnet, die Jagdbehörden der Landratsämter müssen sie jährlich veranstalten. Bei diesen Hegeschauen müssen alle Trophäen von Rehböcken präsentiert werden, die in den vorangegangenen zwölf Monaten erbeutet wurden oder auf andere Weise umkamen. Hier zeigen sich deutlich die Unterschiede zwischen Revieren von Jägern und von Jagdscheininhabern mit Schädlingsbekämpfungsmission. Die Böcke bei den Jägern sind wesentlich stärker als bei den anderen, womöglich auch gesünder.

Die Rehfeinde beharren auf ihren Stereotypen aus den 1970ern. Sie prangern bei den Jägern einen Trophäenfetischismus an, den es längst nicht mehr gibt. Jedenfalls fällt mir von den inzwischen Dutzenden oder gar Hunderten Jägern, die ich kenne, keiner ein, der sich explizit an Trophäen ergötzt. Die Trophäe, das Geweih des Rehbocks, spielt eine Nebenrolle. Selbstverständlich hilft der Blick auf das Geweih bei der Frage, ob man mit dem Abschuss des jeweiligen Stückes zu einer intakten Sozial- und Altersstruktur beiträgt. Das Präparieren des Schädels gehört für mich zum Jagen. Das Auskochen selbst und das Auslösen des Schädelknochens aus der Decke und aus den Sehnen ist eine unappetitliche Angelegenheit. So viel wage ich anzudeuten: Die Lichter des Tieres fallen zum Beispiel nicht von selbst aus den Augenhöhlen … Und selbstverständlich gehört es dazu, die Geweihe bei der Hegeschau zu präsentieren. Man sieht bei diesen Veranstaltungen, in welchen Revieren wahllos drauflosgeballert und in welchen Rehe gemäß den Richtlinien zur Hege und Bejagung des Schalenwildes entnommen werden und auf die Sozialstruktur der Rehbestände geachtet wird.

Einige Trophäen hebe ich mir auf, es sind besondere Erinnerungen – aber ich habe sie nicht aufgehängt. Andere schenke ich her. Es gibt dankbare Abnehmerinnen und Abnehmer, die damit entweder die Wände ihrer Wohnungen zieren (Geschmackssache!) oder sie zu Knöpfen, Flaschenöffnern oder Pfeifchen verarbeiten. Einen Bockschädel achtlos wegzuwerfen, ohne ihn irgendwie zu verwerten, kommt mir wie eine Anmaßung vor. Die Grünen im Bayerischen Landtag haben mehrmals den Vorstoß unternommen, die Pflichthegeschauen abzuschaffen, weil es zu teuer sei, wenn staatliche Försterinnen und Förster ihre Zeit aufwenden müssen, für diese Veranstaltungen Hirsch-, Gams- und Rehtotenschädel zu präparieren. Der Staat könnte sich aber noch wesentlich mehr Geld sparen, wenn er seine Försterinnen und Förster nicht mehr in der Dienstzeit jagen ließe, dafür gegen Geld mehr Jagderlaubnisscheine an private Jäger vergäbe und diese dann ihre Trophäen selbst präparieren und abnehmen müssten.

Mit der Beobachtung, dass Forstwirte in Naturschutzverbänden dominieren, bin ich übrigens nicht allein. Der Zoologe Josef H. Reichholf, ein über alle Zweifel möglicher Parteinahme erhabener Naturforscher, bestätigt mich in seinem neuen Buch *Waldnatur. Ein bedrohter Lebensraum für Tiere und Pflanzen*. Seit Horst Sterns Auftritt am 24. Dezember 1971 gewannen Förster

»Einfluss in den Naturschutzverbänden. Die in Bayern schließlich gesetzlich festgelegte Vorrangstellung ›Wald vor Wild‹ ge-
wann politisches Übergewicht, trotz starker Widerstände der
Jagdverbände. Eine Phase der Wildfeindlichkeit setzte ein. Sie
hält bis in die Gegenwart an.«

Josef H. Reichholfs Bemerkungen zum Rehwild gipfeln in
der traurigen Erkenntnis:»Rehe gelten nun offiziell als Schädlinge.«

Die Gegner der Rehe haben ein gigantisches Netzwerk ge-
spannt. Es besteht aus Förstern in Behörden, aus Förstern in
Verbänden und aus Personen, die einen Jagdschein innehaben,
aber in ihrer Einstellung zum Wild so weit davon entfernt sind,
dass man sie als Jäger bezeichnen könnte, wie Legebatterien-
betreiber von militanten Tierschützern voneinander entfernt
sind.

Ich differenziere also zwischen Jägern auf der einen Seite
und Jagdscheininhabern mit Schädlingsbekämpfungsmission
auf der anderen. Als ein solcher Jagdscheininhaber mit Schädlingsbekämpfungsmission entpuppte sich bei meinen Recherchen ein älterer Herr, der mir bei meiner Suche im Internet aufgefallen war. Er hatte schon diverse Waldbaupreise abgeräumt.
Es kursierten einige Videos, die darauf schließen ließen, dass er
gesprächig war – was man von Jägern sonst nicht wirklich behaupten kann. Und außerdem bot er noch den Vorteil, dass er
mit dem Auto einigermaßen passabel für mich erreichbar war.
Er lässt sich gern als Praktiker einvernehmen.

Am Anfang war es drollig, ich kam mir vor wie in einem alten Heimatfilm. Der Gastgeber – ich gebe ihm das Pseudonym
Hetzler – erwies sich als Operettenonkel.»Herr Doktor Neumaier« hier,»Herr Doktor Neumaier« da, und überhaupt: Welch
eine Ehre, dass Sie auf mich aufmerksam geworden sind und
mir Gelegenheit geben, Ihnen den Wahnsinn zu zeigen, der sich

da draußen abspielt. Ich bin ja selbst manchmal ein wenig devot, aber so viel Demut vor einem Würstchen wie mir habe ich noch nie erlebt.

»Lassen Sie doch bitte den Doktor weg!«

»Nein, also bitte, Ehre, wem Ehre gebührt.«

Der freundliche Herr Hetzler erzählte ein wenig aus seinem Leben. Er wurde Berufsjäger, dann Forstwirt, nebenbei sang er volksmusikalische Weisen und spielte Theater. Das passt, dachte ich mir, du bist eine Rampensau, Hetzler, du brauchst die Bühne, du liebst den Auftritt. An dir ist eine Hollywood-Diva verloren gegangen.

Das Singen hat er aufgegeben. Er tritt jetzt im Wald auf und bei Versammlungen, sogar bei Symposien. Hetzler hat dann – zwischen den Wissenschaftlern – den Part des Praktikers. Er muss erzählen, wie dämlich und renitent die Jäger sind und wie intelligent und erfolgreich die Jagdkonzepte sind, mit denen er die Wälder zum Wachsen bringt. Solche Vorträge beginnt er gern mit dem Satz, dass er eigentlich Antidepressiva brauche, weil da draußen in den Wäldern so viel schieflaufe.

So ähnlich startete er auch auf eine Waldexkursion mit mir. »Also schauen wir hinaus, wenn Sie bereit sind, damit Sie den Wahnsinn mal sehen.«

Wir fuhren ein paar Kilometer von seinem Haus ins Revier, bogen in einen Waldweg und stellten unsere Autos ab.

Beim Aussteigen schoss mir ein Gedanke durch den Kopf, den ich nicht mehr loswurde: ein Märchenwald. Der Operettenonkel atmete tief ein und fragte feierlich: »Ist das nicht wunderbar? Alles, was Sie hier sehen, ist natürlich aufgekommen. Ohne Schutzmaßnahmen. Nur durch die Jagd.«

Ich nickte anerkennend. »Schaut gut aus. Fast schon märchenhaft.«

Wir gingen ein paar Schritte.

»Hier, wo wir jetzt stehen, genau hier stand ich vor 18 Jahren, als ich die Jagd übernahm. Und genau dort, keine 70 Meter entfernt, standen fünf Rehe. So fing es an. Ich habe sie alle der Reihe nach erlegt.«

»Wie? Fünf Rehe auf einmal?«

»Fünf Rehe. Und es hat keine fünf Minuten gedauert. Batsch. Batsch. Batsch. Batsch. Batsch. Es geht. Man muss es nur können.«

Ich nickte noch anerkennender. »Menschenskinder. Waidmannsheil!«

»Waidmannsdank, Herr Doktor Neumaier.«

Wir gingen eine Tannendickung entlang, und Hetzler wurde nicht müde zu wiederholen, dass »das alles Naturaufkommen ist, ohne Schutz«, als er plötzlich vor einem leichten Abhang einen unerwarteten Haken schlug und mich betont zügig in eine ganz andere Richtung führte. Dieser Haken kam mir seltsam vor. Wir kamen an einer Ansitzeinrichtung vorbei. »Ein Drückjagdbock. Alle unsere Drückjagdböcke wurden uns von unseren Jagdgenossen gebaut. Das nenne ich Zusammenarbeit. Wir sorgen im Gegenzug dafür, dass ihr Wald wächst.«

»Und sie zahlen keine Pacht?«

»Iwo! Unsere Partnerschaft basiert darauf, dass wir der Jagdgenossenschaft Dienste leisten. Sie haben dafür die Einnahmen aus dem Wildbretverkauf.«

Das fand ich fast so unglaublich wie die Geschichte mit den fünf Schüssen. »Sie zahlen keine Pacht, die Bauern bauen auf eigene Kosten Ihre Hochsitze, und Sie müssen sich nicht mal um die Fleischvermarktung kümmern?«

»So muss es sein. Den Erfolg sieht man ja. Alles Naturverjüngung. Ohne Schutz.«

»Die anderen Jäger werden nicht so begeistert gewesen sein, wenn Sie ihnen das Jagdrevier abspenstig machten.«

Das Gesicht des Operettenonkels verdüsterte sich. O ja, er habe schon einige Anschläge überstanden. Mindestens viermal sei es schon vorgekommen, dass man die Schrauben an seinen Autoreifen lockerte. Es sei gar nicht lang her, vier, fünf Jahre vielleicht, da sei wenige Hundert Meter vor seinem Haus tatsächlich ein Reifen abgegangen und in den Garten eines Hauses gerollt, in dem gerade ein Kind schaukelte. »Es war sehr knapp! Das Kind hätte tot sein können!«

»Sie auch!«

»Ja. Ich auch, aber ich bin nicht so wichtig.« Er war in seinem Element.

»Das haben Sie sicher der Polizei gemeldet. Wer war das?«

»Natürlich habe ich es angezeigt. Aber glauben Sie, dass die sich die Mühe machen, so etwas herauszufinden?«

Beim Heimfahren begann ich zu rechnen: Kann wirklich insgesamt weniger Aufwand an Zeit und Mitteln zusammenkommen, wenn man dutzendweise Hochsitze baut und sie instand hält, als hin und wieder Bäume zu schützen? Müssen dafür wirklich wahllos Rehe sterben? Ich beschloss, mir diesen Wald noch mal anzuschauen. Ohne den devoten Herrn Hetzler.

Insgesamt bin ich noch dreimal in diesen Wald gefahren. Ich wollte zeigen, was ich gefunden hatte. Denn an der Stelle, an der Hetzler den plötzlichen Haken gemacht hatte, bin ich beim zweiten Besuch weitergegangen. Und was kam zum Vorschein: junge Tannen, deren Leittriebe mit Verbissschutzclips bestückt waren! Ich traute erst meinen Augen nicht. Märchenwald! Sieht zauberhaft aus – und ist mit allerlei Tricks hingezaubert. Beim dritten Mal hatte ich einen pensionierten Förster dabei.

»Da, schauen Sie«, sagte ich, »Verbissschutz-Manschetten. Und zur Sicherheit sind die Triebe sogar noch mit einem chemischen Verbissschutzmittel eingestrichen. Von wegen Naturverjüngung braucht hier keinen Schutz.«

»Ha! Und nicht nur das«, sagte der Förster und bückte sich. Er nahm eine junge Tanne zwischen Daumen und Zeigefinger und zog leicht daran. Die Tanne ließ sich sehr leicht aus dem Boden ziehen. »Das ist keine Naturverjüngung. Das sind Pflanzen aus der Baumschule!«

Tannen sind Pfahlwurzler. Selbst bei jungen Pflanzen reicht die Wurzel so weit in den Boden hinein, dass man sie nicht herausziehen kann, ohne sie erheblich zu beschädigen – außer sie sind gepflanzt. Wie es aussah, hatte der Operettenonkel die ganze Tannenplantage über die Jahre hinweg künstlich angelegt und gewissenhaft geschützt.

Der Leitspruch der Rehgegner vom Ökologischen Jagdverein lautet: »Der Wald zeigt, ob die Jagd stimmt.« Hier stimmte jedenfalls der Einzelschutz. Er zeigte, dass noch Rehe da sein müssen.

Wegen des Vorfalls mit dem Reifen und dem schaukelnden Kind erkundigte ich mich dann bei der zuständigen Polizeiinspektion. Fehlanzeige. »So etwas hätten die Eltern sicher gemeldet, und da hätten wir auch ermittelt. Aber ein solcher Vorfall wurde in den letzten zehn Jahren bei uns sicher nicht angezeigt. Von Eltern nicht und auch nicht von einem Jäger.«

Ich habe Hetzler damit nie konfrontiert. Schließlich wollte ich ihn ja noch bei seinen Jagden erleben. Da wäre ich womöglich unerwünscht gewesen, wenn ich ihn mit kritischen Fragen brüskiert hätte.

Die erste Drückjagd fand in der Nähe von Straubing statt. Ein Ehepaar aus München hatte ein Anwesen mit einer größeren Waldfläche geerbt. Reine Fichtenmonokultur, sehr schlecht durchforstet, waldbaulich ein Desaster. Aber wer musste als Sündenbock dafür herhalten? Die Rehe natürlich.

Zu dieser Drückjagd waren zehn Schützen geladen. Hetzler begrüßte mich mit »Ah, da ist der junge Nimrod«. Mein Jagdschein war noch so gut wie druckfrisch. Hetzler stapfte mit der Hausherrin und zwei anderen Personen als Treiber durch den Wald. Ich hatte einen Platz zugelost bekommen, wo die Treiber losmarschierten. Ich zählte acht Schüsse.

Nach zwei Stunden wurden wir wieder eingesammelt. Erlegt wurden zwei Rehe. So etwas wie ein Streckelegen und ein gemeinsames Innehalten vor der Strecke gab es hier nicht. Die Rehe hatten auch keinen letzten Bissen bekommen. Während ein Helfer die Rehe aufbrach, gab es für uns Jäger warme Suppe. Ich wunderte mich, warum alle Jäger da waren und keiner mit einem Hund bei der Nachsuche unterwegs war. Schließlich waren es acht Schüsse – und nur zwei Rehe lagen. Es war in dieser Runde einerlei. Wie jämmerlich aber angeschossene Rehe zugrunde gehen, selbst wenn sie nur einen Streifschuss einstecken mussten, belegen Berichte von Jägern, die solche Tiere dann erlösen müssen, weil sie von Spaziergängern abgemagert und mit Fleischmaden in den offenen Wunden aufgefunden werden.

Hetzler machte eine Vorstellungsrunde. Neben mir saß ein älterer Herr, der sich als Urgestein des Ökologischen Jagdvereins ausgab und dessen Hand so sehr zitterte, dass der Löffel immer fast leer war, wenn er den Mund erreichte. »Ich hab' heute auch geschossen. Es war wahrscheinlich eine Geiß. Wahrscheinlich habe ich sie gefehlt.« Die anderen Jäger zuckten die Schultern und grinsten. Ich musste mich zusammenreißen. Da sitzt ein alter Tattergreis und berichtet freimütig, dass er möglicherweise ein Reh angeschossen hat – und keiner von euch kommt auf die Idee, den Anschuss mit einem Hund zu suchen und das Reh dann zu erlösen?

Bei der zweiten Drückjagd waren wesentlich mehr Schützen geladen. Hetzler hielt eine Ansprache. Er kannte seinen Text auswendig, er deklamierte feierlich jeden Satz. »Auf sicheren

Kugelfang achten. Wenn möglich, nehmen Sie Kontakt mit Ihrem Stand-Nachbarn auf. Nur absolut sichere Schüsse anbringen. Sie müssen nicht – Sie dürfen schießen! Wildtiere sauber und weidgerecht töten! Bitte saubere, Wildbret schonende Schüsse antragen!« Er appellierte an die Schützen, nur auf stehende Rehe zu schießen, immerhin. Aber ob Böcke oder Kitze oder Geißen – das war ihm einerlei, das gab er ausdrücklich zu verstehen, obwohl für Böcke im November schon längst eine Schonzeit gilt.

Diese Bock-Schonzeit ist umstritten. Rehhasser halten sie für überflüssig und behaupten, sie werde nur von Jägern propagiert, denen allein Trophäen wichtig seien. Im November werfen Böcke ihr Geweih ab und seien dadurch uninteressant für Trophäenjäger. Bei Lichte betrachtet ist das Argument so oberflächlich wie infam. Denn gemäß ihren Rehwild-Abschussplänen müssen Jägerinnen und Jäger zu quantitativ gleichen Teilen – also jeweils ein Drittel – Böcke, weibliche Rehe und Kitze erlegen. Die Bockjagd beginnt bereits im Mai, die auf Kitze und Geißen erst im September. Es ist bei einer einigermaßen konsequenten und sauberen Jagd und bei akzeptablen Rehwildbeständen nahezu unmöglich, das Abschussdrittel an Rehböcken bis Mitte Oktober erfüllt zu haben. Anders gesagt: Wer seine Böcke Ende September noch nicht erlegt hat, wird die Richtlinien zur Bejagung von Schalenwild auch danach nicht erfüllen. In denen heißt es: »Zur Vermeidung einer zu hohen Zuwachsrate ist bei normalem Wildbestand mittels der Bejagung ein Geschlechterverhältnis von 1:1 anzustreben.« Wenn nun Böcke auch noch im Winter geschossen werden, kann dieses Geschlechterverhältnis leicht in Schieflage geraten. Der Jagdforscher Sven Herzog spricht in der Diskussion um die Bockjagd ab November vor allem von der »Sorge um eine unkontrollierte und letztlich nicht mehr waidgerechte Erlegung des Rehwildes auf Drück- und Stöberjagden.

Der Satz vom ›Bock als Schutzschild für die Ricke‹ ist zu hören. Das eint nichts anderes als die Befürchtung, dass mit der Freigabe von Rehböcken im Zuge der herbstlichen Stöberjagden nicht nur Böcke, sondern vor allem Ricken ohne differenziertes Ansprechen und vor den Kitzen erlegt werden und dass darüber hinaus schlechte Schüsse zur Regel werden.« Das Problem sei nicht der Bock im Winter, sondern das Aufgeben »ethischer Grundsätze bei Stöberjagden«.

Dass solche Grundsätze für Veranstalter von Stöber- und Drückjagden belanglos sind, erlebte ich selbst in Niederbayern. Diesmal bekam ich keinen Platz zugelost, sondern zugeteilt. Ich saß mitten im Wald, das Wetter war hervorragend, und ich hörte, was passierte. Meine Waffe lud ich nicht, weil ich keine Absicht hatte, ein Tier zu töten. Um 10 Uhr sollte die Jagd beginnen, und so war es auch. Pünktlich um 10 Uhr ging im Wald ein Geschrei los, Hunde liefen umher, die ersten Schüsse ließen aber auf sich warten.

Nanu, dachte ich, so ein Lärm? Ich hatte gelernt, der Sinn von Drückjagden sei, dass höchstens vier Treiber mit kurzläufigen Hunden das Wild so in Bewegung bringen, dass es sich dezent aus dem Staub zu machen versucht und dabei erlegt werden kann. Sie sollen das Wild langsam aus seinen Unterständen herausdrücken, daher die Bezeichnung Drückjagd. Deshalb ist in Bayern festgelegt, dass bei einer Drückjagd nicht mehr als vier Treiber unterwegs sein dürfen, weil es sonst laut gesetzlicher Definition eine Treibjagd wäre, bei der wiederum keine Rehe erlegt werden dürfen. Es waren hier definitiv mehr als vier Treiber, allein fünf von ihnen führten Hunde. Und sie schrien und klopften mit langen Stöcken gegen die Bäume, dass mir der Wald wie eine Geisterbahn vorkam. Die eingesetzten Hunde waren keineswegs kurzläufig. Wenn ich mich schon wie in einer Geisterbahn fühlte, wie musste es dann erst den Rehen gehen?

Ich berichtete darüber in der Zeitung:

Mehr als 20 Schützen, die zum Teil aus bis zu hundert Kilometer Entfernung gekommen sind, waren auf Hochsitzen verteilt. Die Jagd dauerte zwei Stunden, es fielen sieben Schüsse. Fünf Rehe wurden erlegt. »Am Ende wird keine Strecke gelegt, sondern ein Stück nach dem anderen in die Wildkammer geschafft, einen gefliesten Raum in einem nahen Bauernhof. Erst eine Geiß, sauber geschossen. Dann ein Kitz, dem mitten in den Bauch geschossen wurde, und die dazugehörige Mutter. Diese Geiß wiederum hat einen Einschuss im Vorderlauf, möglicherweise hat ein Hund sie gestellt. Solche Nachfragen sind hier unüblich.« Vor der Wildkammer bildete sich ein Pulk, dem sich ein weiterer Schütze hinzugesellt. Ein sehr guter Freund von Hetzler.

»Und? Waren Sie erfolgreich?«, fragte ich.

»Ja«, sagt er.

»Waidmannsheil!«

»Waidmannsdank! Eine Geiß. Sie ist mit ihrem Kitz dahergekommen. Das Kitz ist schnell davongeflüchtet. Na ja, es wird auch wieder langsamer geworden sein. Ein anderer wird es schon erwischt haben.«

Doch an diesem Tag wurde kein weiteres erlegtes Kitz in der Wildkammer des Bauernhofes angeliefert. Das verwaiste Jungtier hatte einen harten Winter vor sich.

Der Veterinärmediziner hatte eine Regel gebrochen, die waidgerechte Jäger niemals brechen würden. Er hatte einem Kitz die Mutter genommen. Das eherne Gesetz beim Schuss lautet: jung vor alt, egal bei welcher Wildart.

Beim Blick auf das Kitz mit aufgeschossenem Bauch und beim Gespräch mit dem Tierarzt wurde mir klar, warum nach dieser Drückjagd keine Strecke gelegt worden ist. Wer will sich schon die Schmerzen und das Leid anschauen, die er durch schlechte oder ethisch völlig inakzeptable Schüsse in den Bauch oder auf ein Muttertier verursacht hat?

Mein Zeitungsartikel rief heftige Reaktionen hervor. Die rehfeindlichen Förster, die bis dahin gewohnt waren, dass die *Süddeutsche Zeitung* stets aus ihrer Perspektive berichtete, gingen auf die Barrikaden. Mir wurde eine WhatsApp-Nachricht weitergeleitet, in der zu einer Leserbrief-Orgie aufgerufen wurde. Der Ökologische Jagdverein selbst forderte eine Gegendarstellung und wies meinen Bericht zurück. Alles falsch! Zum Glück hatte ich bei den Drückjagden einen Zeugen dabei, einen Kumpel, der ein Jahr zuvor den Jagdschein gemacht und bei den beiden Drückjagden in Niederbayern alles genau so erlebt hatte, wie ich es in meiner Zeitungsreportage beschrieb.

Unter anderem führte der Ökologische Jagdverein an, das Erlegen einer Geiß vor dem Kitz sei völlig unproblematisch. Denn das Kitz komme problemlos über den Winter. Muttertierschutz ist nicht nur gesetzlich vorgegeben, Verstöße dagegen werden als Straftaten geahndet. Und dennoch scheuen sich ÖJV-Funktionäre nicht, Muttertierschutz öffentlich infrage zu stellen. »Weitgehender Muttertierschutz ist wünschenswert«, schrieb zum Beispiel ein als Förster tätiger ÖJVler aus der Oberpfalz in einem Leserbrief in der Zeitschrift *Pirsch*, »aber man bekommt halt im Leben nicht immer alles, was man wünscht. Manchmal wiegen andere Gründe bei der Abwägung eben schwerer. Und das vielfältige Überleben des Gesamt-Ökosystems Wals wiegt – meiner Meinung nach – schwerer als das letzte i-Tüpfelchen an Wohlergehen eines winzigen Teils dieses Ökosystems, nämlich das einiger Rotwildkälber.« Dass Rotwildkälber, also das Pendant der Rehkitze bei den Hirschen, dem sicheren Tod geweiht sind, wenn ihr Muttertier getötet wird, ist hinlänglich bekannt. Bei den Rehkitzen wirkt es sich nicht ganz so dramatisch aus, wenn die Geiß stirbt – es wird überleben, wenn es fünf, sechs Monate alt ist, und das »ohne offensichtliche Entwicklungsbeeinträchtigungen«, wie der Dresdner Jagdwissenschaftler Sven Herzog sagt. Aus der Warte des Tierschutzes stelle sich die Lage jedoch wesentlich komplexer dar. Denn die Tatsache, dass Kitze mindestens bis zum April des Jahres nach ihrer Geburt bei der Mutter stehen, lässt darauf schließen, dass sie diese Fürsorge noch brauchen. Herzog hält es für durchaus möglich, dass »das psychische Wohlbefinden des Kitzes durch einen frühen Verlust der Ricke mehr oder weniger deutlich beeinträchtigt wird«. Der Dresdner Professor hofft, dass Untersuchungen hier noch Klarheit bringen.

Neben den empörten Förstern, denen medialer Gegenwind in der Rehfrage bis dahin offenbar fremd war und die mich beschuldigten, ich würde den Untergang des Waldes herbeischreiben, meldeten sich aber auch Rehfreunde zu Wort, Jäger und andere Tierliebhaber aus allen Teilen Deutschlands. Sie berichteten von ähnlich hässlichen oder noch blutigeren Erlebnissen bei sogenannten Drückjagden.

Einer von diesen Jägern erzählte mir, er sei von Beruf Metzger und habe schon viele tote Tiere gesehen. Doch was er bei den Staatsforsten erlebt habe, das sei ihm an die Nieren gegangen. Der Jagdleiter, ein promovierter Förster, habe bei der vorgeschriebenen Ansage vor der Jagd die Devise ausgegeben: »Schwarzwild und Rehwild ist frei zum Erlegen. Wie ihr die Rehe schießt, ist egal. Hauptsache, ihr schießt sie.« Der Metzger nannte mir weitere Jäger, die das gehört hatten. Sie bestätigten es mir. Als ich den Förster damit konfrontierte, stritt er es ab. So habe er das niemals gemeint, wenn er es überhaupt so gesagt habe.

Die Geschichte des Metzgermeisters ging aber noch weiter. Auch hier seien hochläufige Hunde im Einsatz gewesen. Die Rehe seien nicht behutsam aus ihren Einständen gedrückt, sondern mit Krawall hochflüchtig gemacht worden. »Ich habe nicht geschossen, das wäre mir nie in den Sinn gekommen«, berichtete mir der Metzger. Bei der vierten Jagd, bei der er dann eingeladen war, habe sich der Jagdleiter selbst zu ihm auf die Jagdkanzel gesetzt, wohl um zu schauen, warum der Metzger nie zum Schuss kommt. Tatsächlich sprangen Rehe in hohem Tempo vorbei. Den folgenden Dialog schilderte mir der Metzger im Wortlaut.

»Da! Rehe!«, sagte der promovierte Förster.

»Ja, sehe ich auch.«

»Warum schießen Sie denn nicht?«

»Na hören Sie mal. Die sind doch flüchtig! Ich kann doch nicht auf ein Reh schießen, das in Bewegung ist!«

»Einen Versuch wär's wert.«

Nach diesem Tag wurde der Metzger nie wieder auf eine Drückjagd bei den Bayerischen Staatsforsten eingeladen.

Der Metzger sagt, er hätte auch keine Einladung mehr angenommen. Er halte es für hochgradig verwerflich, wie hier Tiere gejagt und geschlachtet werden. »Selbst wenn ich das Fleisch geschenkt bekommen würde, ich würde es nicht nehmen.« Zum einen sei das Wildbret gehetzter Rehe für ihn ungenießbar. Das führt er auf chemische Prozesse zurück: Das Fleisch von Rehen, die unmittelbar vor dem Abschuss gehetzt wurden, enthalte weniger Muskelglykogen, folglich sei auch der Milchsäuregehalt niedriger, das Fleisch bleibe zäh und nehme beim Reifen nicht den angenehm säuerlichen Geschmack an. Zum anderen seien viele Tiere schlichtweg zerschossen. Das wiederum liegt daran, dass sich die kapriolenhaften Bewegungen von Rehen nicht ansatzweise vorhersehen lassen. Fehlschüsse sind wahrscheinlicher als Treffer. Ich habe das selbst mit Freunden, die wesentlich erfahrener im Schießen sind als ich, in einem Schießkino ausprobiert. Von zehn Schüssen auf Rehe, die sich bewegten – und das nicht einmal besonders schnell –, landete kein einziger dort, wo er ankommen müsste, im Brustkorb. Dreimal allerdings wurden Vorder- oder Hinterläufe getroffen. Wenn Jäger von Drückjagden berichten, in denen sie mehr als 80 Schüsse zählen, wo am Ende aber nur acht Wildschweine und vier Rehe zur Strecke kommen, wundern mich diese Zahlen keineswegs. Ich frage mich aber, ob und was sich in den Köpfen und Herzen der Jagdscheininhaber und Förster abspielt, wenn sie davon ausgehen müssen, dass dutzendweise angeschossene Tiere durch ihren Wald keuchen, während sie sich mit Treibern, Schützen und Hunden treffen und Dankesreden halten.

Diese erdrückenden Zahlen werden auch durch Studien zu Drückjagden bestätigt. Die Studie der Hamburger Ökotrophologin Imke Matthiesen zum Beispiel kommt zu dem Ergebnis, dass etwa ein Drittel der Tiere bei Stöberjagden durch besonders schmerzvolle Weidwundschüsse in den Bauch getötet wurden. Bei der Einzeljagd habe der Jäger viel mehr Zeit zum Ansprechen und zum Erlegen, folglich lägen schlechte Schüsse anteilsmäßig bei unter zehn Prozent.

Die Kommentatoren des Tierschutzgesetzes Hirt/Maisack/ Moritz lehnen Bewegungsjagden per se ab. Die tierschonendste Jagdmethode sei der gezielte Schuss auf ein stehendes Ziel; daraus ergebe sich die »generelle Fragwürdigkeit aller Jagdformen, bei denen auf Wild in der Bewegung geschossen wird«. Solche Jagdformen ließen sich nicht einmal mit modernem Verbraucherschutz vereinbaren, denn hochwertiges Wildbret lasse sich nur gewinnen, wenn Wild ohne vorherige Erregung, also ohne vorausgehende Beunruhigung getötet werde. Deshalb fordern die Tierschutzjuristen im Hinblick auf Drückjagden eine Anpassung der Jagdgesetzgebung. Zumindest müsste nach Ansicht der Tierschutzjuristen für Drückjagden »ein behördlicher Erlaubnisvorbehalt eingefügt« werden, um solche Jagden besser kontrollieren zu können.

Es wirft ja ein besonderes Licht auf solche Rehvernichtungsveranstaltungen, dass sie möglichst unbemerkt von der Öffentlichkeit abgehalten werden. Die Teilnehmer bekommen am Ende nicht einmal alle Stücke zu sehen. Man will den Anblick zerschossener Rehe niemandem zumuten, nicht einmal den Jagdscheininhabern in Schädlingsbekämpfungsmission. Ein Berufsjäger, der im Allgäu tätig war, berichtete mir, dass oft die Hälfte der zerschossenen Kadaver zur Tierkörperbeseitigung gebracht werden mussten. Zentnerweise unbrauchbares Wildbret. Der Berufsjäher hielt es nicht mehr aus und kündigte seinen sicheren Job bei den Bayerischen Staatsforsten. »Ich schäme mich heute, dass ich so lange dabei war und diese Drückjagden sogar organisiert habe.« Er spricht von Todesschwadronen, die im Herbst und Winter als Schießtouristen von Drückjagd zu Drückjagd reisen. Er kannte mit der Zeit jeden von ihnen. »Obwohl viele von ihnen dem ÖJV angehören, der Jagdtrophäen ablehnt, wollten dann doch ziemlich viele von ihnen die Trophäen haben, wenn sie schon mal ein Stück so erlegt hatten, dass man das Haupt brauchen konnte.« Mein Treffen mit dem Berufsjäger dauerte drei Stunden. Er brachte mir einen Aktenordner voller Mails und Bilder mit, die zeigten, welche Rolle das Wohl von Wildtieren in dem Staatsforstbetrieb spielte, in dem er gedient hatte. »Diesen Förstern wurde in ihrer Ausbildung eingebläut: Nur ein totes Reh ist ein gutes Reh. So haben sie dann auch agiert.« Auch über diesen ehemaligen Berufsjäger schrieb ich in der Zeitung.

Einen der gemäßigteren Leserbriefautoren, die sich auf den Artikel meldeten, rief ich an. Er gab sich als neutraler Beobachter aus, der keinem Lager angehöre. Dann aber warb er für Drückjagden und schwärmte von einem Revier im Landkreis Traunstein, in dem der Abschuss seit Jahren fast ausschließlich durch diese Methode praktiziert werde. Es gebe dort keine Ver kehrsunfälle mehr, und der Verbiss habe so weit abgenommen, dass nicht einmal gepflanzte Bäume noch geschützt werden müssen. Ich dankte dem Mann für das offene Gespräch, legte auf und googelte seinen Namen. Es stellte sich heraus, dass ich mit dem stellvertretenden Vorsitzenden des Ökologischen Jagdvereins telefoniert hatte. Ganz so neutral war er also doch nicht, wie er sich gegeben hatte. Ich recherchierte weiter über das Revier, das der Mann gepriesen hatte. Es gab schon viele Zeitungsartikel darüber, alles Lobeshymnen auf die Jagdscheininhaber, die dort Rehe wie Schädlinge bekämpft hatten.

Der frühere Jagdpächter soll es mit der Hege völlig übertrieben haben. So etwas ist leider auch vorgekommen: dass Jäger so gut wie gar nichts erlegten. Dann übernahmen die Jagdgenossen, also die Bauern selbst, die Regie, und das Pendel schlug ins andere Extrem. Nachbarn dieses Reviers berichteten mir, dass Drückjagden auf Rehe veranstaltet wurden, bei denen die Schützen busseweis aus fernen Gegenden herangekarrt wurden und es krachte wie in einer Silvesternacht. Später luden die Jagdgenossen busseweis Waldbauern ein und zeigten, wie gut ihr Wald wachse, und das ohne Schutzmaßnahmen – und mit hervorragender Naturverjüngung.

Ein Anruf bei der Polizei aber ergab: Es sind immer noch Wildunfälle zu verzeichnen, obwohl dort wenig Verkehr ist. Dann bin ich selbst hingefahren. Ich sah gezäunte Bäume, die sogar noch im Zaun Plastik-Verbissclips trugen, ich sah gepflanzte Jungtannen mit Schafwolle, ich sah Naturaufkommen mit Plastik-Verbissclips. Und das in einem Revier, wo der Wald angeblich so hervorragend zeigt, dass die Jagd stimmt? Ich musste lachen. Aber das Lachen ist mir vergangen, als ich die Drückjagdböcke gesehen habe. In Lichtungsrichtung gab es keine Schussauflagen. Die Schilderungen der Reviernachbarn stimmen wohl: Bei solchen Drückjagden ist freihändig auf ziehendes oder flüchtendes Rehwild geschossen geworden. Man kann, nein man muss davon ausgehen, dass unendliches Tierleid in Kauf genommen wurde von ein paar schießwütigen Schädlingsbekämpfern, die sich wohl mal wie Killer fühlen wollten.

Der hochrangige Vertreter des ÖJV, ein pensionierter Förster, schwärmte mir auch beim zweiten Telefonat vor, es gebe dort keine Wildunfälle mehr. Als ich ihm von meinen Recherchen erzählte, ging er auf Angriff über.

»Ich werde mich bei der Chefredaktion über Sie beschweren!«

»Einen größeren Gefallen können Sie mir kaum erweisen.«

»Sie verdrehen alles! Außerdem rufen Sie mich zu Unzeiten an.« Ich schaute auf die Uhr, es war 18.45 Uhr.

»Ich verdrehe alles? Sie müssen mir ja nicht erklären, wie es mit den Drückjagdständen ohne Schießauflage funktioniert. Aber wenn alles so problemlos abläuft, dann helfen Sie mir doch bitte, die Wahrheit herauszufinden.«

»Sag ich Ihnen doch, wie es läuft.«

»Das ist nett. Aber ich will es sehen.«

»Was?«

»Ich will eine Drückjagd miterleben.«

»Wie stellen Sie sich das vor? Unmöglich! Ich kann Sie doch nicht zu einer Jagd einladen, die ich nicht organisiere.«

»Ich komme nicht als Jäger. Nur als Beobachter.«

»Niemals.«

»Warum nicht?«

»Niemals. Vergessen Sie es!«

»Warum?«

»Weil ich Sie nicht einlade.«

»Was haben Sie zu verbergen?«

Pause.

»Was haben Sie zu verbergen? Gibt es etwas, das ich nicht sehen soll?«

»Nein.«

»Na dann. Sagen Sie mir den nächsten Termin?«

»Niemals.«

Den Spruch »Nur ein totes Reh ist ein gutes Reh« habe ich bei meinen Recherchen ziemlich oft gehört. Wer bei den Staatsforsten oder in Behörden als Försterin oder Förster Karriere machen will, sollte zumindest Linientreue zu erkennen geben. Es gibt aber viele andere Förster, die sich längst zu anderen Arbeitgebern oder in andere Berufe verabschiedet haben. Sie reden wesentlich offener über ihre Ausbildung an den Hochschulen. Und von allen Personen, die an den bayerischen Hochschulen ein Forstdiplom erwarben und mit mir darüber sprachen – es waren fast ein Dutzend –, bekam ich bestätigt, dass die Devise »Nur ein totes Reh ist ein gutes Reh« zum guten Ton gehörte. Aus den Nullerjahren soll ein Gedicht stammen, das an der Fachhochschule Eberswalde mit dem Titel »Waldesstille« über einen »Verband für Machtgelüste und Bevormundungen« von anonymen Autoren verfasst wurde:

WALDESSTILLE

Kein Rehwild zieht am Waldesrain,
die Amseln warnen nur zum Schein.
Die Mücken ziehen ihre Runden,
sie haben noch kein Tier gefunden.
Kein Ast, der unter Schalen bricht,
denn tote Stücken wechseln nicht.
Von allem Wild, das zog im Wald
ist lang der letzte Laut verhallt.
Vom Hirsch, der schöpfte an der Quelle,
nur eine graue Fegestelle.
Vom Damwild, das hier zahlreich war,
Ist nicht ein einziges mehr da.

Still ruht der Teich im Mondesschein,
Denn an der Suhle ist kein Schwein.
Im Schilf im Bruch auch keine Sau.
Ach so – ich bin beim ÖJV.

Nur jüngere Forstabsolventen berichten, dass an den Hochschulen inzwischen ein moderaterer Ton herrsche. Man bemühe sich um subtilere Botschaften, sei aber in der Sache weiterhin streng gegen die konventionelle Rehjagd eingestellt, die sich gegen ihr Abschussprinzip »Zahl vor Wahl« und somit gegen ein wahlloses Dezimieren der Bestände richtet.

Die Forstökonomen haben ihre Strategie verändert. Sie haben sich breiter aufgestellt und Allianzen geschmiedet. Und vor allem haben sie erheblich an ihrem Image gefeilt. Grundlage ihrer Öffentlichkeitsarbeit ist ein »Abschlussbericht der Projektgruppe Waldumbau-Klimawandel«, der im Auftrag des Bayerischen Landwirtschaftsministeriums beim dort für Privat- und Körperschaftswald zuständigen Referat erarbeitet wurde. Weil als Verfasser ein Unternehmensberater auftrat, kursiert die 132-seitige Studie als Papier mit seinem Namen. Dem Mann ist die Angelegenheit heute unangenehm. Er erledigte nur einen Auftrag und will nicht mit heiklen Dingen wie Rehtötung aus wirtschaftlichen Gründen in Verbindung gebracht werden. Deshalb nennen wir das brisante Dokument einfach Krachowski-Papier. Die Gruppe nahm sich vor, »den Referenzrahmen ›was gute Jagd ist‹ zu verschieben und einem ›neuen‹ Typus Jäger soziale Anerkennung« zukommen zu lassen. Genau das müsse Schwerpunkt der Öffentlichkeitsarbeit werden. Wenn neue Jäger viele Rehe erlegen sollen, dann müssen Rehe natürlich als Wurzeln allen waldbaulichen Übels zu Sündenböcken erklärt werden. Ein Mittel dazu war, gegenüber Waldbesitzerinnen und Waldbesitzern die klassische Jagd als »trophäenfixierte Hegejagd, als veraltet, überkommen und muffig zu positionieren«. Die Projektgruppe kam zu dem Ergebnis, einen »medialen Humus« ausbringen zu müssen. »Die Benchmark: Das Rauchverbot begann mit der Neudefinition des Rauchers: vom hedonistischen Genießer zum suchtkranken Egoisten. Das Gleiche machen wir mit den Themen ›Gesunder Wald‹ und ›Zeitgemäße Jagd‹.« Die Förster selbst machen sich dadurch unverzichtbar. Denn wer sollte den Bäuerinnen und Bauern den besseren Weg schlüssiger erklären als sie selbst, wie sich beim Waldumbau Geld sparen lässt und dass ihre alten Jagdpächter die falschen Partner seien? Und vor allem: dass es zu viele Rehe gebe.

Dem Ministerium war die Försterstudie unangenehm, es erklärte sie für gegenstandslos. Dennoch blieb das Papier maßgebend für die Politik der Forstämter. Sie schlossen plötzlich Kooperationsverträge mit Waldbesitzervereinigungen, sie beteiligten sich an Busfahrten in Revieren, in denen angeblich so gejagt wurde, dass Pflanzen keinen Schutz mehr brauchen. In einem dieser Verträge wird etwa vereinbart, »dass wir durch gemeinsame öffentliche Auftritte zum Beispiel durch gezielte Veranstaltungen das Ansehen wie auch die Akzeptanz der Forstwirtschaft steigern«.

Und sie erstellten Gutachten und vor allem »revierweise Aussagen«, in denen Jagdscheininhaber mit Schädlingsbekämpfungsmission gut und konventionelle Jäger schlecht abschnitten.

Die Geschichte vom »altmodischen Trophäenjäger« und den »persönlichen Freizeitinteressen einzelner« Hobbyjäger wurde zum Narrativ. Es wird in den Landwirtschaftsschulen angehender Bäuerinnen und Bauern unterrichtet, und es dominiert die Berichterstattung in den landwirtschaftlichen Fachblättern. Man kann es seither sogar in den »Besonderen Betriebszielen für den Kirchenwald« lesen, etwa im Bistum Passau, wo die »göttliche

Schöpfung« nur mit »einer zielorientierten Schalenwildjagd« bewahrt werden soll.

Die Allianz mit den Bauern funktioniert, wenn man ihnen lang und oft genug sagt, dass sie ihre Aufforstungen nicht mehr schützen müssen, wenn sie Jäger finden, die es mit dem anständigen Waidwerk nicht so ernst nehmen. Dieses Vorgehen beobachte ich auch in der Gegend, in der ich wohne. Einer von ihnen tritt auch gern im Fernsehen auf und erzählt, er jage nur im Wald – das aber sehr konsequent. Dafür brauche er seine Bäumchen dann nicht mehr mit Schutzmanschetten zu versehen. Ich habe mir das Revier angesehen. Auf circa 400 Hektar standen nicht weniger als 35 Hochsitze – vor dem Wald. Und im Wald sah ich dann Verbissschutz-Manschetten aus Plastik an den jungen Bäumen. Bei den benachbarten Revierpächtern ist der Mann verpönt. Sie sagen, das Bild von Gargamel und den Schlümpfen passe sehr gut auf ihn. Seine Schießwütigkeit hätten sie sich für einen netten Streich zunutze gemacht. Als einer von ihnen ein Wildschwein erlegt hatte, schwarteten sie die Sau ab und stopften das Fell mit Stroh aus. Diese Strohsau stellten sie in der Nähe von Gargamels Haus auf, dann riefen sie ihn an: »Hast du das nicht gesehen, dass da Sauen vor deinem Haus herumlaufen?« Er: »Was? Sauen? Wo?« – »Na vor deinem Haus.« Wenige Augenblicke später stand Gargamel mit seiner Büchse vor dem Haus und feuerte mehrmals auf das Wildschwein. Es blieb stehen. Seitdem sprechen sie vom Strohsaukiller. Aber bei den Bauern führt er weiterhin das große Wort und lästert über die altmodischen Trophäenjäger, wie es die Krachowski-Projektgruppe propagiert hatte.

Auch bei meinem drolligen Operettenonkel aus dem Märchenwald, der sagenhafte Erleger der fünf Rehe innerhalb von fünf Minuten, habe ich Versatzstücke aus dem »Krachowski-Papier« gehört. Ich habe ihn in den Bayerischen Wald begleitet, wo er einer Jagdgenossenschaft die alten Jagdpächter madig machte. Hetzler trat mit einer sehr jungen Försterin auf. Das Schauspiel erinnerte mich an eine Kaffeefahrt, bei der ich in meiner Zeit als Lokaljournalist in München inkognito mitmachte. Den vorwiegend älteren Leuten wurden damals zu horrenden Beträgen Wundermittel verkauft, mit denen sich angeblich schwerste Krankheiten wie Krebs kurieren ließen, und natürlich Energiematratzen für guten Schlaf und gegen Inkontinenz. Doch hier in dem Wirtshaus im Bayerischen Wald sollten keine Energiematratzen verkauft, sondern die Jäger in die Wüste geschickt werden, die nach Ansicht einiger Waldbesitzer bisher zu wenige Rehe schossen. Erst sprach die junge Försterin, die den Bauern einbläute: »Es geht um eure Zeit und um euer Geld. Ihr habt es in der Hand.« Sie hatte eine Tanne dabei, die völlig verbissen war. »Schaut euch das an. Wollt ihr das? Es geht um eure Zeit und um euer Geld.« Dann trat Hetzler auf. Ein paar flotte Sprüche, ein paar dezente Seitenhiebe auf die Jäger vom Ort, die ihr Handwerk nicht beherrschen, ein paar Zitate aus dem Jagdgesetz und ein Hinweis, dass er in den 1980ern im Auftrag des Bayerischen Landtages eine Studie machte, die dann auf Druck der CSU und der alten Jägerlobby »geheim gehalten werden musste«, weil das Ergebnis nicht gepasst habe.

Die anwesenden Bauern hörten es gern, dass an der Ausbreitung des Bibers die Jäger schuld seien, die Rehe füttern – weil das ja auch den Biber anlocke. Und dass die Wildsau sich wegen der Fütterungen durch Jäger verbreite – und nicht etwa wegen des ausufernden Maisanbaus in der Landwirtschaft. Und das alles nur wegen des altmodischen Trophäenwahns! Das müsse endlich ein Ende haben. Die Verbreitung des Bibers und des Schwarzwildes auf die Jäger zurückzuführen ist ungefähr so abwegig, wie den Klimawandel mit der Einführung des Flaschenpfandes zu erklären.

Er aber, sagte Hetzler, er habe da ein Jagdkonzept, das mit kürzeren Jagdzeiten funktioniere und vor allem mit Drückjagden. Ein bisschen Jagd im Mai, ein bisschen Jagd im September und dann im Spätherbst noch mal. Da erlege er 36 Rehe auf 100 Hektar Wald. An Weihnachten sei er fertig, dann werde auch nicht mehr gejagt. Dass er seine Jagdscheininhaber mit Schädlingsbekämpfungsmission in Wirklichkeit bis weit in den Januar auf Drückjagden schickte und nicht nur den Wald, sondern auch schneebedeckte Zwischenfruchtäcker durchtreiben lässt, das verschwieg er den Jagdgenossen an diesem Abend. Es ist nicht besonders fair, Treibjagden mit hochläufigen Hunden auf schneebedeckten Zwischenfruchtäckern zu veranstalten. Am Ende hätte Hetzler seinem Publikum erzählen können, dass es dem Wald hilft, wenn er mit Energiematratzen ausgelegt wird. Es hätte ihm geglaubt.

Die Jagdscheininhaber mit Schädlingsbekämpfungsmission haben mehrere Initiativen gestartet, um möglichst viele Bevölkerungsgruppen für ihre blutige Sache zu gewinnen. Um junge Leute anzusprechen, die sich im Gefolge der Freitags-Aktivistin Greta Thunberg aus Schweden für Klimaschutz engagieren, ist die Initiative »hunting4future« ins Leben gerufen worden. Rehe schießen für die Zukunft – wieder ein Zynismus, bei dem mir das Lachen im Hals stecken bleibt. Er suggeriert, dass sich gesunde Mischwälder nicht anders herstellen lassen als durch wahlloses Abknallen von Rehen. Eine andere Initiative heißt »Bauernjäger«. Sie rekurriert auf die Bauern, die Mitte des 19. Jahrhunderts ganze Landstriche wildfrei schossen, wobei mancher Landwirt seinen Beruf darüber vergaß und aus Jagdgier Haus und Hof verlor.

Ihren Höhepunkt erreichte die politische Diskussion um das Reh im Herbst 2020. In Berlin stand eine Reform des Bundesjagdgesetzes auf der Tagesordnung. Im Fadenkreuz der Veränderungen stand das Rehwild. Manche Kommentatoren sprachen deshalb sogar von einer Lex Capreolus – ein Wortspiel mit dem lateinischen Begriff für Gesetz und dem zoologischen Namen des Rehs.

Das Gesetz scheiterte, weil letztlich niemand damit zufrieden war, weder die Forstlobby noch die Jagdvertreter. Wenn die Rehe mitbekommen hätten, welcher Kelch da erst mal an ihnen vorübergegangen war, müssten sie jeden Tag aus Dankbarkeit und Erleichterung 30 Kapriolen schlagen.

Der Entwurf, der abgelehnt wurde, sah vor, dass es keine Abschusspläne mehr für Rehe geben soll. In vielen Bundesländern, auch in Bayern, wird behördlich festgelegt, wie viele Rehe innerhalb von drei Jahren in einem bestimmten Gebiet zu erlegen sind. Franz zum Beispiel muss in seinem Revier in drei Jahren 132 Rehe erlegen: 34 Böcke, 34 weibliche Rehe und 34 Kitze. Fallwild, also Rehe, die im Straßenverkehr oder auf andere Weise umkommen, wird in dieser Gesamtzahl berücksichtigt. Franz muss eine genaue Streckenliste führen, in der er spätestens eine Woche nach dem Erlegen eines Rehs den entsprechenden Eintrag machen muss. Die Behörde könnte jederzeit Einsicht in die Streckenliste fordern. Allerdings habe ich noch nie gehört, dass in den letzten 30 Jahren irgendwo ein Jagdbeamter zur Streckenlistenkontrolle unterwegs gewesen wäre.

Diesen Abschussplan gibt die Jagdbehörde vor, die im Landratsamt angesiedelt ist. Sie orientiert sich dabei an den Zahlen, die Jäger und Grundstücksbesitzer ihnen vorschlagen. Wo sich Jäger und Grundbesitzer vertragen, gibt es keine Abstimmungsprobleme. Diesen Abschussplan darf Franz um 20 Prozent über- oder unterschreiten. Wenn er noch mehr oder noch weniger Rehe schießt, begeht er eine Ordnungswidrigkeit und muss mit einem Bußgeld rechnen.

Der Entwurf des Bundeslandwirtschaftsministeriums sah nun vor, dass es laut neuem Jagdgesetz für Rehe keinen Abschussplan mehr geben soll. Festzulegen seien lediglich Mindestabschusszahlen – aber zu viele Rehe konnten nach den Vorstellungen der obersten Jagdbeamten in Berlin niemals geschossen werden. Das Signal wäre gewesen: Egal wie viele Rehe getötet werden – es können nicht genug sein.

Am perfidesten klang aber ein Passus über den Waldumbau. In der ersten Fassung des Gesetzentwurfs hieß es, die Jagd sei dafür zuständig, dass die Naturverjüngung des Waldes im Wesentlichen ohne Schutzmaßnahmen gedeiht. In der nächsten Fassung aber wurde aus der »Naturverjüngung« eine »Verjüngung«. Eine Kleinigkeit – mit einer enormen Auswirkung, wenn das Gesetz so in Kraft getreten wäre. Denn Naturverjüngung bedeutet, dass eine natürliche Vermehrung der vorhandenen Baumarten möglich sein muss. Wo das nicht geht, kann es in der Tat an einer zu großen Rehpopulation liegen, aber auch an schlechten Lebensbedingungen in der jeweiligen Region. Ich habe in all meinen Recherchen keinen Jäger kennengelernt, dem es an Ehrgeiz fehlt, die natürliche Verjüngung des Waldes zu unterstützen. Nun aber stand da »Verjüngung«. Und das bedeutete neben natürlichem Samenanflug, Samenaufschlag oder Hähersaat eben auch künstliche Aussaat und Anpflanzung durch den Menschen. Das heißt: Das Gesetz sollte festlegen, dass Jäger so viele Rehe schießen müssen, dass Plantagen von welchen Baumarten auch immer störungsfrei wachsen, und zwar ohne Schutzmaßnahmen wie Zäune oder Verbissclips.

Im Landwirtschaftsausschuss traten Experten auf, die diesen Gesetzentwurf zerlegten. Der Dresdner Jagdwissenschaftler Sven Herzog rechnete den Abgeordneten vor, seit einem halben

Jahrhundert würden immer mehr Rehe geschossen – ohne positive Auswirkungen auf die waldbauliche Situation. Wie der Wiener Wildökologie-Professor Klaus Hackländer und andere Experten forderte er eine großflächige ökologische Raumplanung ebenso wie Ruhezonen. Der Deutsche Jagdverband, der bis dahin seltsam zurückhaltend war in der Diskussion um die Jagdgesetzreform, die ein neues Rehgesetz hervorbringen sollte, schaltete sich von da an immer vehementer ein. »Die Problemzone des deutschen Waldes umfasst über ein Viertel der Gesamtfläche: Nadelholzmonokulturen. Über Naturverjüngung entstehen dort wieder monotone Nadelwälder. Diese waldbaulichen Fehler der Vergangenheit provozieren Verbissschäden, sind aber nicht von Reh und Hirsch zu verantworten. Es muss also gepflanzt werden, damit widerstandsfähige Mischwälder entstehen – nach Expertenansicht rund sechs Milliarden Bäume«, so die Rechnung des Deutschen Jagdverbandes.

Dieser Beitrag deutet an, wo die Wurzel des Übels liegt: in den Monokulturen. Über Jahrzehnte hinweg hatten die Förster den Waldbesitzern eingetrichtert, dass sich mit der Fichte am schnellsten und am leichtesten Geld verdienen lasse. Dementsprechend pflanzten die Bauern brav Fichten an. In Reih und Glied. Wenn in diesen Plantagen eine Buche oder eine Birke emporwuchs, wurde sie sofort gefällt. Ein älterer Förster, der sich mir anvertraute, raunte mir einen Spruch zu, den er sich mit seinen Kollegen gern erzählte, wenn sie sich über die Pflanzpolitik ihrer Oberforstbeamten lustig machten: »Willst du den Wald bestimmt vernichten, so pflanze Fichten, Fichten und nichts als Fichten.« Den jungen Forstleuten schwante, dass etwas nicht stimmte. Aber sie pflanzten trotzdem. Und wenn die Chefs meinten, es sei an der Zeit, die Kulturen mal wieder von unliebsamen Baumarten zu befreien, rückten sie mit chemischen Mitteln wie Tormona aus und vernichteten Laubbäume.

Die Folgen sind bekannt: Bei schlimmeren Unwettern können ganze Waldstriche umgeblasen werden. Die Trockenheit tut ihr Übriges. Und sind die Fichten einmal angeschlagen, kommt schnell der Borkenkäfer und knabbert auch noch die Bäume zuschanden, die es bis dahin ausgehalten haben.

Es gibt dann mehrere Möglichkeiten. Progressive und erfolgreiche Ökologen wie der Förster, Autor und inzwischen auch Kinoheld Peter Wohlleben sprechen sich gern dafür aus, dem Wald ein bisschen Zeit zur Selbsterholung zu geben. Auch der Eberswalder Forstwissenschaftler Pierre Ibisch propagiert die Selbsterholungskraft des Ökosystems Wald. Er würde am liebsten alles Totholz liegen lassen, damit sich in dem Mikroklima die Natur aus eigener Kraft regenerieren kann. Solche Forderungen hören konventionelle Förster äußerst ungern. Würde man großflächig den Beispielen folgen, die Wohlleben und Ibisch präsentieren, ließen sich viele Försterstellen einsparen. Die Existenzberechtigung der Forstwissenschaft wäre infrage gestellt.

Peter Wohlleben ist bekannt für Äußerungen wie diese: »*Dem Wald geht es schlecht. Doch die Antwort vieler Förster*innen ist ein ›Weiter so!‹ – kein Wunder, basiert doch die bisherige Ausbildung vor allem auf der klassischen Plantagenwirtschaft. Und so wechselt man höchstens die Baumarten, nicht aber das System.*« Deswegen sind er und Ibisch rote Tücher für Förster, die nach eigenem Bekunden immer noch am besten wissen, wie natürlich Natur zu sein hat und wie sie im besten Fall auch noch wirtschaftlich nachhaltig bleibt. Peter Wohlleben ist für sie ein Ideologe. Als der Hamburger Zeitungsverlag Gruner und Jahr im Jahr 2021 kundtat, er werde einen neuen Studiengang »Ökologische Waldbewirtschaftung« mit zwei Stiftungsprofessuren finanzieren, war der Widerstand wo am größten? Genau: bei den etablierten Forstwissenschaftlern.

Die haben selbstverständlich ebenfalls konkrete Vorstellungen, wie Wälder einmal aussehen sollen. Naturnah! Einige Interessengruppen und Großforstbesitzer haben sich in der »Arbeitsgemeinschaft Naturgemäße Waldwirtschaft« zusammengeschlossen. Wobei mir bei den Adjektiven »naturnah« und »naturgemäß« immer das Versprechen »gefühlsecht« einfällt, mit dem Kondomwerbung betrieben wird. Naturgemäß ist eben doch nicht natürlich, sondern durch einen kultivierenden Eingriff gesteuert. Man darf ja auch nicht vergessen, dass es dezidiert um »Waldwirtschaft« geht – und da ist nicht etwa ein Biergarten neben dem Wirtshaus im Spessart gemeint.

Die Vertreter dieser Vereinigungen wollen einen stabilen Wald mit einer guten Pflanzenmischung, mit der man auch in Zukunft gut Geld verdienen kann. Wer mag's ihnen verdenken? Dass sie aber beim Ökosystem Wald allein an die Pflanzen denken und zuallerletzt an Wildtiere, das machte mir die Begegnung mit einem ihrer Spitzenfunktionäre deutlich, der sich mit mir treffen wollte, als gerade das Bundesjagdgesetz in Berlin diskutiert wurde. Ich hatte einen Kommentar geschrieben über die Pläne, das Rehwild wie Schädlinge zu behandeln. Meine Pointe ging in die Richtung: »Sollen sie doch gleich Selbstschussanlagen aufstellen, wenn sie die Tiere unbedingt töten wollen, um sich den Bau von Zäunen zu sparen.«

Der Vertreter von der Naturgemäßen Waldwirtschaft mailte mir, er wolle mit mir Lösungen erarbeiten. Ich teilte ihm mit, er könne mir gern zeigen, was er mir zeigen wolle, das würde mich sogar sehr interessieren. Aber um Lösungen zu erarbeiten, sei ich der falsche Ansprechpartner. Journalisten seien ja eher dafür da, die Lösungen, auf die andere kommen, kritisch zu bewerten. Außerdem versicherte ich ihm der Vollständigkeit halber, dass ich auch für Tierschutz- oder Jagdverbände nicht zum Lösungsfinden zu haben sei. Der Mann blieb freundlich. Ich vermute, dass er schon manche Journalistin und manchen Journalisten mit seiner verbindlichen Aufwertungsmasche (»Tragen auch Sie dazu bei, dass ...«) um den Finger gewickelt hatte. Wir trafen uns an einem Bahnhof in Franken. Es war die Waldbegehung, bei der ein städtischer Förster seine Art des Waldbaus mit der Büchse beschrieb. Beim Essen, ich wurde auf ein Schnitzel eingeladen, ging es um den Klimawandel. Eine Forststudentin war dabei. Als die Jagd zur Sprache kam, äußerte sie sich über die »Traditionalisten«. Ich hakte ein: »Traditionalisten? Was meinen Sie damit« – »Na, Jäger, die aus Prinzip keine weiblichen Rehe schießen.« – »Gibt es solche Jäger heute noch? Ich kenne keinen.« Die junge Frau wusste nicht, was sie sagen sollte, da übernahmen wieder die Herren das Gespräch. Offenbar wurde den Studierenden immer noch eingebläut, dass Jäger nur Rehböcke jagen.

Als der Förster der Naturgemäßen Waldwirtschaft vor drei Jahrzehnten anfing, gab es viele Rehe, viele Kiefern und ein paar alte Eichen. Junge Eichen kamen wegen der vielen Rehe nicht in die Höhe. Dann habe er den Abschussplan erst einmal gnadenlos überschossen. Offenbar hatte sein Vorgänger eine von diesen früher leider öfter üblichen Rehzuchtanlagen be- und es mit der Hege völlig übertrieben. Nach einigen Jahren kamen die Eichen. Und heute, ja heute sei es ein standorttypischer Baumbestand mit Eichen und Kiefern.

Eine Erfolgsgeschichte. Wir unterhielten uns beim Waldspaziergang gerade über den Entwurf des Bundesjagdgesetzes, der sich so extrem rehunfreundlich las, und ich fragte: »Und jetzt fordern Sie, dass künftig alle Pflanzen ohne Schutzmaßnahmen aufkommen müssen, weil es hier mit den Eichen auch geklappt hat?« Der Funktionär von der Naturgemäßen Waldwirtschaft spielte die Frage herunter. Verjüngung sei eben auch Naturverjüngung. »Na und? Warum schreiben Sie dann nicht Naturverjüngung ins Gesetz?« – »Weil eben in manchen Wäldern auch

gepflanzt werden muss.« – »Gepflanzt ja, aber warum nicht geschützt?« – »Weil es eben auch anders geht. Gehen muss.«

Es dauerte nicht lange, bis wir an jungen Tannen vorbei-
kamen, die der Förster gepflanzt – und eben doch mit Schafwolle auf dem Leittrieb gegen Verbiss geschützt hatte. Später
erreichten wir eine gezäunte Kultur. »Der Zaun«, sagte man
uns, »wurde notwendig, weil hier ein Brand gelegt und eine
Neuanpflanzung notwendig wurde. Wir haben gebietsfrem-
de Pflanzen eingebracht.« Ich insistierte in Richtung des Naturgemäßen Waldwirtschaftlers: »Mit Ihrer Version vom Jagdgesetz wäre dieser Zaun überflüssig, es müssten einfach noch
mehr Rehe geschossen werden.« Er palaverte daraufhin etwas
von Ausnahmen.

Einer unserer Begleiter war der österreichische Wald- und
Wildökologe Friedrich Reimoser. Er kommentierte die Ausführungen des Stadtförsters wohlwollend. »Na, dann haben Sie ein
paar Jahre lang Dampf gemacht, so geht es auch, damit sich ein
Mischwald etablieren kann. Aber sagen Sie, wie jagen Sie jetzt
in diesem Dickicht? Sie können das Wild ja kaum ansprechen,
und gefährlich ist es auch, weil hier überall Spazierwege durchgehen.«

Man kann dem Förster, diesem Förster, nicht vorwerfen, dass
er log. Im Gegenteil. Er erzählte freimütig, dass er die Rehe inzwischen mit dem Schrotschuss erlege. Der Schrotschuss auf
Rehe ist in Deutschland verboten, in Schweden und in der
Schweiz noch erlaubt, aber höchst umstritten. Tierschützer klagen über üble Folgen. In der Jagd unterscheidet man zwischen
Schrotpatronen und Kugelmunition. Die Jagdschrotpatronen
enthalten, je nach Schrotgröße und Kaliber, zwischen 90 und
400 Schrotkügelchen, die beim Schuss auf den Tierkörper gerichtet sind. Wenige Kügelchen können durch die erzielte
Schockwirkung den sofortigen Tod des Tiers verursachen. Wie

viele Kügelchen in den Tierkörper geraten, hängt unter anderem von der Schussdistanz und von der Schussgenauigkeit ab. Sie werden mit einer Flinte geschossen. Beim Kugelschuss verlässt nur eine Kugel den Lauf eines Gewehres, in diesem Fall nicht einer Flinte, sondern einer Büchse. In aller Regel durchschlägt diese Kugel den Wildkörper, weshalb bei der Schussabgabe auf einen sicheren Kugelfang zu achten ist. Wer etwa auf dem Boden stehend auf ein Reh schießt, muss damit rechnen, dass die Kugel nach dem Durchdringen des Rehkörpers weiterfliegt und so lange andere Lebewesen gefährden kann, bis sie zu Boden sinkt. Bei einer Büchsenkugel lernt man in der Jägerprüfung, der Gefährdungsbereich reiche bis zu fünf Kilometer. Schrotpatronen können je nach Größe der verschossenen Schrotkügelchen maximal über 400 Meter gefährlich werden. Auf diesen Daten basierte auch die Frage von Friedrich Reimoser beim Waldspaziergang in Franken.

Der Förster also sagte, er schieße mit Schrot auf Rehe. Ich bin selbst einmal Zeuge eines Schrotschusses auf ein Rehkitz geworden. Es stellte sich heraus, dass der Drilling des Jägers defekt war und sich nicht von Schrotlauf auf Kugellauf umstellen ließ. Das Kitz war etwa 25 Meter entfernt und fiel sofort tot um. So wie es auch der fränkische Stadtförster für seine Rehe beschrieb. 25, maximal 30 Meter, niemals weiter. Das erfordere Disziplin und Geschick. Nur stand das Reh, bei dem ich Zeuge wurde, fest auf dem Platz.

Ich bekam das mit Schrot erlegte Reh geschenkt, weil der Erleger es nicht verkaufen konnte. »Musst beim Essen aufpassen, dass du dir nicht die Zähne an den Schrotkugeln ausbeißt«, sagte er. Ich stieß in allen Körperteilen auf Schrot. Am Hals sowieso, im Rücken, in den Schlegeln. Wie der fränkische Stadtjäger sein Wildbret unter die Leute bringt, ist mir ein Rätsel. Er wird ja wohl nicht nur zahnlose Kundschaft beliefern.

Wildschäden sind eine Naturerscheinung. Tiere fressen Pflanzen. Es gibt Wildschäden so lange, wie es Menschen gibt, die
Pflanzen anbauen und mit diesen Pflanzen oder mit ihren
Früchten wirtschaften. Aber: Es dauerte bis ins 18. Jahrhundert,
bis Wildschäden als Wildschäden empfunden wurden. Sehr
lange Zeit hat man sie einfach hingenommen – eben als Naturerscheinung. Und solange keine Fürsten und Könige ihre Untertanen daran hinderten, konnte man seine Pflanzen schon immer
ganz passabel vor den Tieren schützen, ohne sie gleich zu töten.

Das schönste Beispiel für diese friedliche Koexistenz von
Kulturlandschaft und Wildtieren findet sich bei Vergil, der manchen Leserinnen und Lesern noch aus dem Lateinunterricht bekannt sein wird. Vergil lebte von 70 vor bis 19 nach Christus.
Seine *Aeneis* stand und steht in einigen Bundesländern immer
noch auf dem Latein-Lehrplan. Dass Vergil aber auch eine Ab-
handlung *Über den Landbau*, die *Georgica*, verfasste, wissen nur
Spezialisten. Im zweiten Buch seiner *Georgica*, wenn Vergil auf
den Pflanzenschutz und die Arbeit der Weinbauern zu sprechen
kommt, ist auch von »gierigen Rehen« die Rede und von den ge-
fährdeten Weinreben. Und was empfiehlt Vergil, der Agrarpoet?
Zäune! Aber kann man es schöner sagen und das auch noch blu-
miger übersetzen als Johann Heinrich Voß? »Flicht auch Zäune
zur Wehr dem ganzen Viehe, besonders wenn noch zärtliches
Laub sie [die Rebe, Anmerkung des Autors] ist, unkundig der
Drangsal, daß nicht, bei des Sturms Unfug und der mächtigen
Sonne Büffel der Waldungen auch rastlos und gierige Rehe treiben ihr Spiel, abnasche das Schaf und die lüsterne Milchkuh.«
Was die Menschen der Antike, für die das Einzäunen ihrer Kul-
turflächen selbstverständlich, wenn auch wesentlich mühsamer

war als mit den technischen Möglichkeiten des 21. Jahrhunderts, was Vergil und die römischen Bauern wohl sagen würden, wenn man ihnen erzählte, man setze heute lieber auf das Töten von Rehen als auf Zäune?

Um eine Fläche mit gepflanzten Bäumen garantiert frei von Rehen und von Wildschäden zu halten, müsste man sie nahezu täglich und oft auch nachts mit der Büchse bewachen und jedes Reh erschießen, das sich hineinwagt. Und das ein paar Jahre lang – bis die Bäume groß genug sind. Rechnet man für einen Rehvergrämungsansitz nur sechs Stunden pro Woche über vier Jahre, kommt man auf 1248 Stunden. Vergils Alternative, der Zaun, verursacht wohl nicht einmal ein Zwanzigstel des Aufwands. Und es fließt kein Blut. Man kann das für die dem Tierwohl entsprechendere Methode halten. Sicherer für die gepflanzten Bäumchen ist sie allemal.

Es geht also um Aufwand. Und um Geld. So wurde das Reh zu einem Politikum. Einst war es Gegenstand waldbaulicher Betrachtungen, heute beschäftigt es Mitglieder des Bundestages, des Bundesrats und der Länderparlamente. Die Einlassungen von Abgeordneten und Ministern erwecken den Eindruck, als sei das Problem ziemlich neu und so drängend wie nie zuvor. Dann blättert man in den Archiven und findet die gleichen Forderungen. Vor 10 Jahren, vor 20 Jahren, vor 50 Jahren, vor 70 Jahren, vor 100 Jahren, vor 200 Jahren.

Die Fürsten der Frühen Neuzeit hatten Wildtiere noch gehegt, um auf Kosten des einfachen Volkes ihren Hedonismus damit auszuleben. Der Wald war nur ihre Vergnügungskulisse. Mitten in dieser Epoche aber, an der Schwelle vom 17. zum 18. Jahrhundert, ging den Menschen allmählich das Holz aus, und ein gewisser Hans Carl von Carlowitz machte sich an eine Studie, die so etwas wie eine Heilige Schrift der Forstwirtschaft wurde. Schon der Titel – *Sylvicultura oeconomica* (Ökonomischer Waldbau) –

rückt die wirtschaftliche Komponente seines Vorhabens in den Vordergrund. Es war eine Zeit, in der Buchtitel noch lang wie Romane wirkten. Es soll jedoch Förster geben, die Carlowitz so sehr verehren, dass sie diesen Titel auswendig aufsagen können:

»Sylvicultura Oeconomica, oder haußwirthliche Nachricht und Naturmäßige Anweisung zur Wilden Baum-Zucht, nebst Gründlicher Darstellung, wie zuförderst durch Göttliches Benedeyen dem allenthalben und insgemein einreissenden Grossen Holtz-Mangel, vermittelst Säe-Pflantz- und Versetzung vielerhand Bäume zu prospiciren, auch also durch Anflug und Wiederwachs des so wohl guten und schleunig anwachsend, als anderen gewüchsig und nützlichen Holtzes, ganz öde und abgetriebene Holtz-Ländereyen, Plätze und Orte wiederum Holzreich, nütz und brauchbar zu machen; Bevorab von Saam-Bäumen und wie der wilde Baum-Saamen zu sammeln, der Grund und Boden zum Säen zuzurichten, solche Saat zu bewerckstelligen, auch der junge Anflug und Wiederwachs zu beachten. Daneben das sogenannte lebendige, oder Schlag- an Ober- und Unter-Holz auffzubringen und zu vermehren, welchen beygefügt die Arten des Tangel- und Laub Holzes, thels deren Eigenschafften und was besagtes Holtz für Saamen trage, auch wie man mit frembden Baum-Gewächsen sich zu ver- halten, ferner wie das Holz zu fällen, zu verkohlen, zu äschern und sonst zu nutzen. Alles zu nothdürfftiger Versorgung des Hauß-Bau-Brau-Berg- und Schmeltz-Wesens, und wie eine immerwährende Holtz-Nutzung, Land und Leuten, auch jedem Hauß-Wirthe zu unschätzbaren großen Auffnehmen, pfleglich und füglich zu erzielen und einzuführen, worbey zugleich eine gründliche Nachricht von den in Churfl. Sächß. Landen Gefun- denen Turff Dessen Natürliche Beschaffenheit, grossen Nutzen, Gebrauch und nützlichen Verkohlung Aus Liebe zu Beförderung des algemeinen Bestens beschrieben.«

Auf Seite 105 prägte Carlowitz den Begriff »Nachhaltigkeit«, er gilt als sein Schöpfer. Was das alles mit Rehen zu tun hat, wird auf den Seiten 61 und 62 des im Jahr 1713 in Leipzig veröffentlichten Werkes deutlich. »Es thun auch denen Wäldern, sonderlich was den jungen Wiederwachs anbetrifft, großen Abbruch dero eigene Einwohner, nämlich das Wild, so die Sommerlatten und Jahrwachs an Gipfeln und Ästen abbeißet und also sehr merklichen Schaden verursachet. Und ob sich gleich, jedoch gar selten, der Anflug von Laub- und Tannenholz in etwas erhält und die Pflanze nicht gänzlich abgebissen ist, so hält es doch das Wildbret continue also unter der Schere und verbeißt es, als ob es ein verständiger Gärtner dergestalt verschnitten und geputzt, dass es nicht höher wachsen sollte.« Sommerlatten sind die Triebe von Bäumen, die nach dem Schnitt wieder ausschlagen.

Die Schilderung klingt geradezu apokalyptisch. Entweder der gute Carlowitz übertreibt maßlos – oder die Lage war wirklich dramatisch, und wenn das wiederum zuträfe, wären die Einlassungen sämtlicher Forstleute und Wildbiologen Makulatur, die von einem historischen Rekordbestand beim Rehwild sprechen, mit dem wir es heute angeblich zu tun haben. Der sächsische Bergrat und Oberberghauptmann schildert die Situation als wahre Plage: Ihm sei zugetragen worden, dass Flächen mit vielen Tausend Jungtannen innerhalb weniger Tage völlig vernichtet worden seien. Seine Informanten hätten »nicht eine einzige Pflanze davon mehr allda ins Gesicht bekommen«. Die Täter hinterließen jedoch eindeutige Spuren: Beim Blick auf die Trittsiegel war klar, »dass das rote Wildbret solche alle abgefressen«. Zum roten Wildbret zählten auch die Rehe; noch im Brockhaus-Lexikon von 1911 werden Rehe zum Rotwild gezählt. Carlowitz, durch und durch Kameralist, also Finanzbeamter, bilanzierte: »Ein teures Futter« und »kostbare Näscherei«. Er forderte, die Rehe von Orten abzuhalten, »wo man mehr des Holzes als des

Wildes benöthiget ist«. Wie sich Carlowitz für sein Nachhaltig-
keitsprinzip unsterblich machte, so legte er mit diesem Neben-
satz auch den Keim für ein Postulat, das später als die Parole
»Wald vor Wild« in Gesetzesform gegossen wurde.

Bei der Schadensvermeidung besann sich der humanistisch
gebildete Carlowitz auf Vergil, er hatte die *Georgica* studiert.
Deshalb empfahl er, »wo sichere Hauswirtschaft mit dem Holz-
anwachs getrieben und gepfleget wird, alle Gehaue entweder
mit starken Zäunen, Gräben oder lebendigen Hecken« zu schützen, weil ohne diese Maßnahmen »gewiss ist, dass kein Wiederwachs vollkömmlich aufzubringen«. Doch auf die Idee, Rehe im
großen Stil abzuschießen oder, wie es die Forstökonomen von
heute nennen, die Bestände durch Abschuss anzupassen, kam
auch er noch nicht. Der Wald war nun ein wichtiger Wirtschafts-
faktor. Und für die Rehe und die anderen Paarhufer, die zuvor
vom dekadenten Adel auf ungebührliche Weise gehätschelt wurden, brachen härtere Zeiten an: Sie wurden zu Schädlingen, zu
einem Störfaktor forstlicher Holzproduktion. Von jetzt an wurden sie nicht mehr gehätschelt, jedenfalls musste man als Bauer
nicht mehr mit Sanktionen rechnen, wenn man Wild vergräm-
te, sondern sie wurden nur noch bejagt. In dieser Zeit stoßen
wir auf einen weiteren Forstautor, der einen bedeutenden Beitrag beim Etablieren der Försterei als Naturwissenschaft leis-
tete: Stephan Behlen (1784 bis 1847). Den mit Abstand klang-
vollsten Titel in seinem Œuvre hat das Buch *Jagdkatechismus*,
verfasst im Jahr 1827. Die Untertitel fielen zu dieser Zeit schon
wesentlich knapper aus als noch ein Jahrhundert zuvor: *Zum
Gebrauche Bei Dem Öffentlichen Unterrichte Und Der Selbstbeleh-
rung: Die Einleitung in Die Jagdkunde, Die Weidmannssprache und
die Naturgeschichte der Deutschen Jagdthiere.*

Behlen, eigentlich ein Förster durch und durch, bedauerte
darin die Ökonomisierung des Waldbaus, und die Jagd als sol-

che verkörperte für ihn die Wildtierhege. »Die steigende Aufklärung, die Fortschritte der Wissenschaften, insbesondere der besser erkannte Wert des Holzes und die dadurch bewirkte wissenschaftliche Ausbildung des Forstwesens« haben die Jagd und damit die Wildtiere in ein »feindseliges Verhältnis mit der Wald-Kultur« gestellt. »Nicht weniger trugen die Revolutionskriege dazu bei, den deutschen Wildbahnen tiefe Wunden zu schlagen.«

Ein feindseliges Verhältnis! Hier die Bäume, die möglichst schnell und ungestört wachsen sollen – dort die Rehe, die wirtschaftliche Ziele gefährden könnten. Hier die Pflanzenzüchter, dort die Jäger, die sich zu Tierschützern aufschwangen. Forst und Wild wurden nun als zwei konkurrierende Interessen separiert, mancherorts büßten die Tiere ihre Daseinsberechtigung als selbstverständlicher Bestandteil des Ökosystems Wald schon im 19. Jahrhundert ein.

Mitte des 19. Jahrhunderts fielen die alten Jagdprivilegien des Adels. Das Recht zu jagen wurde mit Grund und Boden verbunden. Das bedeutete, jeder Bauer durfte auf der Wiese, auf dem Feld und in dem Wald, eben auf allen Flächen, die ihm gehörten, die Jagd ausüben. Paragraf 3 des von Preußenkönig Friedrich Wilhelm am 31. Oktober 1848 erlassenen Jagdgesetzes regelte: »Die Jagd steht jedem Grundbesitzer auf seinem Grund und Boden zu. Er darf sie in jeder erlaubten Art, das Wild zu jagen und zu fangen, ausüben.«

Der Förster Wulf-Eberhard Müller berichtet in einem Aufsatz »Zur Geschichte der Rehwildjagd« über die jähen Folgen: Das Reh »wurde vom plötzlich jagdberechtigten Bauern mit Schlinge, Schrot und Hunden extrem verfolgt und in kurzer Zeit gebietsweise ausgerottet«. Müller zitiert aus den Schilderungen eines katholischen Geistlichen über den bäuerlichen Wildfrevel:

»Bis zu dem für die Jagden verhängnisvollen Jahr 1848 war in den meisten Gegenden Frankens ein vortrefflicher Rehstand (auf einem einzigen Revier im Landgerichte Schwabach wurden im vergangenen Jahre bis zum Februar über 800 Stück geschossen und trotzdem sind noch Rehe da), welcher aber durch Wildfrevel und ganz besonders durch die, bis auf wenige ehrenvollen Ausnahmen, fast allerwärts geübte schmachvolle Aasjägerei dermaßen geschwächt worden ist, dass einige Jahre nötig sind, bis er sich wieder erholen kann. Dass der Landmann alles Wild niedergeschossen wissen will, so wird der Rehstand nicht leicht wieder seine frühere Stärke erreichen, in manchen Gegenden ganz verschwinden, in den größeren und großen Waldungen aber je nach den Verhältnissen in bedeutenderer oder geringerer Anzahl sich erhalten.«

Wie Kollateralschäden wirken in diesem Aufsatz die üblen Unfälle, die sich bei diesen wilden Jagden ereigneten. Laut Müller wurden infolge der Jagdfreigabe von 1848 in Bayern 22 Personen erschossen und 40 schwerst verletzt. Durch die Bewaffnung der Bevölkerung stieg die Zahl der Gewaltverbrechen. Und selbst wirtschaftlich soll das große Schießen negative Folgen gehabt haben, weil die Bauern ganz ihre Arbeit vergaßen und stattdessen nur noch zum Jagen draußen waren: »Nicht zu vergessen, der wirtschaftliche Rückgang der kleinbäuerlichen Betriebe in manchen Gegenden, deren Besitzer dem ›Jagdteufel‹ restlos verfallen waren.«

In Österreich galten fortan die gleichen Regeln. Beispiellose Schlachtorgien setzten ein. Die österreichische Zeitung *Traisenblatt* meldete im Juli 1848: »Ein Teil des ackerbautreibenden Volkes im zivilisierten Österreich ist nun zu einem wilden Jägervolke herabgesunken und treibt sein Handwerk mit einer Rohheit, welcher sich vielleicht mancher Wilde schämen würde.« Die Vorgänge, so der Berichterstatter, würden »das Herz jedes fühlenden Menschen bluten« lassen. »Nicht genug, dass diese Barbaren brütende Rebhühner erschlagen und die Eier austrinken, Hasen, Rehe und dergleichen zur Setzzeit niederschießen und dadurch ganze Generationen verderben, nicht nur dass sie Rehkitze einfangen und sie durch unmenschliches Martern zu Schmerzgeschrei zwingen, damit sie die herbeigerufene geängstigte Mutter wie die Jungen töten können – sie gehen so weit, dass sie auf ihren Mitmenschen schießen, wenn sie denselben in ihrem vermeintlichen Jagdbezirke mit einem Gewehre antreffen.« Der Bericht prognostizierte eine baldige Ausrottung der Wildtiere.

Wie schnell sich diese Exzesse auf die Wildpopulationen auswirkten, ist beim Förster und Jagdautor Carl Emil Diezel nachzulesen. Er schrieb 1921 in der zweiten Auflage seines Buches *Erfahrungen auf dem Gebiete der Niederjagd* ins Vorwort: »Wo ist der Bauer, der nicht von Geldgierde gestachelt alles, was in den Bereich seiner Flinte kommt, niederstreckt oder doch niederzustrecken eifrigst bemüht ist? Der nicht da, wo er ein Reh wahrgenommen hat, mit einer Beharrlichkeit, von welcher selbst die leidenschaftlichsten Jäger kaum einen Begriff haben, zehn-, fünfzehn- und zwanzigmal auf denselben Platz sich stellt, bis es ihm endlich gelingt, seiner Beute habhaft zu werden?« Diese zweite Auflage erweiterte er um ein Kapitel über Rehe. Diezel schrieb, es komme ihm »beinahe vor, als handle es sich nur noch um eine diesem Tiergeschlecht zu haltende Leichenrede«.

Es war wie ein Vulkanausbruch. Wie das Platzen einer Blase. Den dekadenten Exzessen fürstlicher Jagd folgte der Exzess des mehr oder weniger bewaffneten Mobs. Jahrhundertelang waren die Bauern allen Unbilden ausgesetzt, die Wildtiere verursachen konnten. Sie mussten erdulden, dass Schwarz- und Rotwild ihre Feldfrüchte vernichteten. Und sie mussten ihre Adelsherren auch noch dabei unterstützen, wenn diese sich zum Vergnügen doch einmal herabließen, ein paar Hirsche oder Sauen zu erlegen. Jetzt konnten die Bauern endlich Vergeltung an den Wildtieren üben. Hinzu kam der Aspekt, der sich im Bericht der Zeitung *Traisenblatt* andeutete: die mit eigener Raffgier gepaarte Missgunst gegenüber dem Nachbarn. Der frühere Waldarbeiter Herbert, der mir von der Obrigkeitsergebenheit der Bauern erzählt hatte, wusste auch dazu ein Gleichnis: Eine Fee kommt zu einem Bauern und sagt, er habe einen Wunsch frei. Er bekomme, was er begehre, doch gleichzeitig bekomme sein Nachbar das Doppelte davon; der Bauer wünschte sich ein Glasauge.

Der Schriftsteller Franz von Kobell blickte zornig auf das Jahr 1848 und die »unsinnige Bauernwirtschaft« zurück. »Gegenwärtig« – Kobell schrieb sein Buch *Wildanger* im Jahr 1858 und meinte an dieser Stelle die Gegend westlich des Ammersees – »ist kaum ein Reh mehr zu finden, das Jahr 1848 hat sie vertilgt, wie auch die zu Germering, Pframering, Anzing etc.«

Nach wenigen Monaten setzte sich die Einsicht durch, dass diese Art der Jagdgesetzgebung übelste Folgen für die gesamte heimische Fauna haben würde. Rotwild war in weiten Landstrichen gänzlich ausgerottet, Rehe gab es selten. Die Jagdgesetze wurden flugs erneuert. Jagdrecht und Jagdausübungsrecht wurden voneinander getrennt. Das heißt: Um die Jagd auszuüben, bedurfte es fortan einer bestimmten Flächengröße. Wer zum Beispiel in Bayern über ein zusammenhängendes Grundeigentum von 240 Tagwerken verfügte, das sind umgerechnet 81,755 Hektar, konnte auf dieser Fläche jagen. War die Fläche kleiner, wurde sie mitsamt ihrem Jagdrecht einer Gemeinschaftsjagd zugeschlagen, in welcher das Recht auf Jagdausübung gemeinschaftlich zu organisieren war. In der Regel setzte man seit dieser Zeit auf Verpachtung. Dieses Prinzip besteht bis heute. Und die Regel mit den 81,755 Hektar Land als Voraussetzung für ein Eigenjagdrevier gilt in Bayern ebenfalls bis jetzt. In anderen Bundesländern reichen 75 Hektar. Im Gegensatz zu den Zeiten der feudalen Jagd, wo Wildtiere sakrosankt waren, durften die Bauern jederzeit Hirsche und Sauen »durch Klappern, aufgestellte Schreckbilder sowie durch Zäune« oder durch kleine Haushunde fernhalten, wenn sie kein eigenes Jagdausübungsrecht besaßen.

Glaubt man den Schilderungen Carl Emil Diezels, gilt das Reh spätestens seit dieser Zeit als Feind der Forstökonomen. »Vorzüglich bei dem armen Rehwild«, schreibt er, »muss oft, da die Landwirtschaft nicht besonders viel gegen diese unschuldigen Geschöpfe vorzubringen vermag, die Forstwirtschaft die Hand bieten, um den Vernichtungskrieg zu beschönigen. Leider sind unter den geschworenen Feinden des Wildes nur zu häufig Männer, die als Priester Dianas gelten wollen, aber das Kleid derselben unwürdigerweise tragen.« Dazu führte Diezel auch ein Beispiel auf: »So ist mir ein Fall bekannt, dass ein Jagdpächter – zur Schande sei gesagt, ein Grünrock –, der seine unter den günstigsten Umständen übernommene Jagd barbarisch behandelte und der überhaupt, wenn er die Macht dazu hätte, alles, was Wild heißt, dem Mammut und Einhorn sowie anderen durch die Sintflut verloren gegangenen Tieren zugesellen möchte, auf die an ihn gestellte Frage, warum er seine Jagd so unwaidmännisch behandle und insbesondere das Reh ganz zu vertilgen trachte, erwiderte: ›Aus forstwirtschaftlichen Grundsätzen handle ich so, da bekanntlich das Reh als der größte Feind der Forste zu betrachten ist.‹«

Das Wald-Wild-Konflikt war bereits im Gange. Man kann aber davon ausgehen, dass wildfreundliche Förster vom Schlage Diezels Mitte des 19. Jahrhunderts noch keine Seltenheit waren. Man stelle sich vor, ein staatlicher Förster würde heute so von Rehen schwärmen wie seinerzeit Diezel – er könnte seine Karriere glatt abhaken. »Und ist es nicht eine unerschöpfliche

Quelle von Genuss und Vergnügen, wenn ein Jagdbesitzer, zumal einer, der auch zugleich Forstmann ist, überall und zu jeder Tageszeit bei seinem Revierbesuche eine hinlängliche Anzahl von Wild bemerkt? Muss man denn alles, was man sieht, auch sogleich niederschießen wollen?« Für eine solche Äußerung müsste man heute in einer Forstbehörde möglicherweise mit einer Abmahnung rechnen.

Immerhin keimte seinerzeit mit der übermäßigen, ja geradezu bedrohlich scharfen Bejagung vieler Wildarten so etwas wie ein Artenschutzgedanke auf. Wer Wild bejagte, sollte bald auch dafür verantwortlich sein, dass es überhaupt genügend Tiere gab, um ihren Bestand zu sichern. Es gab Hege- und Schonzeiten, und auf Verstöße dagegen standen Geldbußen bis zu 50 Talern.

WIE VIELE REHE GIBT ES?

In seiner autobiografischen Erzählung »Pürschgang« schildert der bayerische Schriftsteller Ludwig Thoma seine Begegnungen als Jäger mit der Landbevölkerung. Ein kurzer Dialog zwischen ihm und einem Landwirt namens Lenzbauer beschreibt im Kleinen ein riesiges Konfliktfeld. Er ist beispielhaft für die Einstellung von Landwirten zum Reh – auch heute noch, mehr als hundert Jahre nach der Entstehung von Thomas Geschichte.

Der Jäger Thoma, ein promovierter Jurist, spaziert im Frühling um das Jahr 1910 durch sein Revier. Die geschilderte Szene lässt sich wohl auf den Monat Mai datieren, weil Thoma später einen aufgestellten Maibaum erwähnt und davon spricht, dass die Jagdzeit auf Rehböcke ja erst am 1. Juni beginne. Thoma gibt das Gespräch in bairischer Mundart wieder. Der Landwirt Lenzbauer ruft dem Jäger Thoma nach:

»Sie, Herr Dokta!«

»Was?«

»Aba Reh' gibt's viel! Reh'!«

»Is net so arg.«

»Jo! Jo! Ma siecht's glei unter der Mittagszeit umanand
steh'.«

»So?«

»Ja. Und mein Klee beim Pfarrholz hamm s' fei sauber
z'sammbissen.«

»So?«

»Ma will ja it unverschämt sei', aba a paar Markl sollten S'
ma scho geb'n für den Klee.«

»Der wachst do wieder!«

»Naa, der wachst nimmer, wenn de Dollen allsammete
abbissen san!«

»De paar Kleeblatteln, Lenzbauer!«

»Ma sagt it vo dem, und ma will it unverschämt sei', aba drei
Markeln.«

»Lenzbauer, drei Maß zahl' i. Is nacha recht?«

»Vo mir aus. Daß Sie sehg'n, daß ich net a so bin.«

»Also, gilt scho. Grüß Gott!«

»Hadjeh!«

Übersetzung:

»Sie Herr Doktor!«

»Was?«

»Es gibt viele Rehe! Rehe!«

»Ist nicht so schlimm.«

»Doch! Doch! Man sieht sie schon mittags herumstehen.«

»So?«

»Ja. Meinen Klee beim Pfarrwald haben sie gehörig
abgefressen.«

»So?«

»Ich will nicht unverschämt sein, aber ein paar Mark sollten Sie mir für den Klee schon erstatten.«

»Der wächst doch wieder!«

»Nein, der wächst nicht mehr, weil alle Dolden abgebissen sind!«

»Die paar Kleeblätter, Lenzbauer!«

Lenzbauer beteuert erneut, nicht unverschämt sein zu wollen, und fordert drei Mark.

»Lenzbauer, ich zahle Ihnen drei Maß Bier. Reicht Ihnen das?«

»Von mir aus. Damit Sie sehen, dass ich nicht gierig bin.«

»Abgemacht. Grüß Gott!«

»Adieu!«

Was will uns der Dichter damit sagen? Erstens: Für Bauern hat es schon immer zu viele Rehe gegeben. Zweitens: Wenn es um Geld oder um Bier geht, ist sich mancher von ihnen auch für absurdeste Übertreibungen nicht zu schade. Die Geschichte des Bauern von der mittelfristig zerstörten Kleewiese ist so wunderlich, dass Thoma sie erfunden haben könnte. Doch wenn ich bedenke, was ich selbst von Landwirten über Rehe gehört habe, kommt sie mir ziemlich authentisch vor. Hoffentlich, sage ich mir, sind solche Bauern die Ausnahme.

Ich mag Bauern. Wie auch sonst? Drei meiner vier Großeltern stammten aus den größten Höfen ihrer Dörfer. Das vierte Großelternteil, dem ich meinen Familiennamen verdanke, also der Vater meines Vaters, den ich nie hatte, weil meine Mutter wenig mit einem selbstverliebten Trunkenbold anfangen konnte, dieser Großvater wuchs in München auf. Ich habe meinen Neumaier-Stammvater Wilhelm Neumaier erst wenige Jahre vor seinem Tod getroffen. Er sagte, dass auch er Bauer werden wollte. Er ging von München aufs Land, um die Landwirtschaft zu lernen und dann in die Ukraine überzusiedeln und einen Hof zu übernehmen. »Das hat uns ja der Hitler versprochen.« So gesehen stamme ich von zwei Bauerntöchtern und zwei Bauernbuben ab und wäre selbst ein vollblütiger Bauer.

Von den mehreren Dutzend Cousins und Cousinen meiner Mutter sind viele in der Landwirtschaft beschäftigt. Ich mag meine Verwandten sehr gern. Sie halten zusammen. Bei jedem Todesfall in der Familie trauern sie mit. Man nimmt aufrichtig Anteil. Wenn sie von meinem Reh-Buch erfahren, wird mich der eine oder andere von ihnen vielleicht als aus der Art geschlagen belächeln. Denn es kann ja nicht sein, dass einer von uns die anderen von uns bloßstellt und ihre Eigentumsrechte in Zweifel zieht. Aber ich kann ihnen entgegenhalten, dass ich ihre Eigentumsrechte niemals anzweifeln würde und dass ich sie verteidigt habe und verteidige. Und wie!

Die Bauern, oder sagen wir die »lebensmittelerzeugenden Landmenschen«, waren seit jeher die Gruppe in der Gesellschaft, die den anderen diente. Wer im Geschichtsunterricht aufgepasst hat, wird sich an die Dreiständeordnung des Mittelalters erinnern. Adel, Geistlichkeit, Bauern. Als nichtadeliger und halbfrommer Knabe freute es mich, als unsere Geschichtslehrerin das auf eine Folie auf dem Overhead-Projektor schrieb, denn immerhin waren wir Bauern ein Stand – und die Richter, Lehrerinnen, Immobilienmaklerinnen und Heizungsbauer oder Kaminkehrer nicht.

Andererseits, das wusste ich auch, war »Bauer« ein Schimpfwort, ein Synonym für »Proll« beziehungsweise »Prolet«. »Bauern« waren in den 1980ern, aus der Perspektive meiner Generation betrachtet, Jungs mit Vokuhila-Frisuren. Mantafahrer. Schlichte Gemüter. Dann gab und gibt es bei uns noch den Ausdruck »Bauernfünfer«. Wer sich diese Bezeichnung einfängt, wird als engstirnig, borniert, rückwärtsgewandt und kulturfeindlich empfunden und personifiziert die Redewendung »Was der Bauer nicht kennt, das frisst er nicht«. Wobei er nach meinem Eindruck Schwein in der Regel lieber isst als Reh, weil es vermeintlich leichter zuzubereiten ist.

Bei einem Waldspaziergang erzählte mir der frühere Waldarbeiter Herbert eine Geschichte über die Bauern. Herbert hatte in den Forsten des fürstlichen Hauses Thurn und Taxis gearbeitet. Wenn eine Treibjagd oder eine Saujagd war, mussten die Waldarbeiter als Treiber durch den Wald laufen, die Tiere aufschrecken und vor die Büchsen der Schützen treiben. Und am Ende musste er die angeschossenen Tiere erlösen und aufbrechen. Er hatte in seinem Job aber auch viel mit Bauern zu tun, die in den Fürstenwäldern Brennholz schlagen durften. Er, der einfache Waldarbeiter, stand auf der untersten Stufe der Rangfolge. Ihn hätten die Bauern wie eine Ameise behandelt, umso devoter hätten sie sich den fürstlichen Forstherren gegenüber verhalten. »Sie können keck und aufmüpfig sein, wenn sie sich überlegen fühlen. Aber bei Obrigkeiten und bei denen, die ihnen Geld versprechen, werden sie zahm wie Kälber.« Ich hielt dagegen. Mein Opa sei immer geradeaus gewesen, sein Bruder auch. Und der Nachbar meines elterlichen Anwesens jage heute noch jeden Behördenmenschen vom Hof, wenn ihm einer blöd komme. Herbert beeindruckte das nicht. Er konterte meinen Einwand mit einem Gleichnis – als kreuzbraver Katholik liebte Herbert Gleichnisse. Der Pfarrer von Ganacker in Niederbayern soll es mit der Zeit als Schmach empfunden haben, sein geistliches Leben in einem Bauerndorf zu fristen. Bei einer Feldprozession, so Herberts Geschichte, machte der Pfarrer seinem Ärger Luft. Er betete mit seiner Gemeinde die Allerheiligenlitanei. Die läuft so ab, dass der Pfarrer etwas vorsagt und die Gemeinde dann das immer Gleiche antwortet. Zum Beispiel ruft der Priester alle möglichen Heiligen an, die Gemeinde sagt nach jedem Namen »Bitte für uns«. In der Passage, in der um Erlösung gebetet wird, antwortet das Volk mit »Herr befreie uns«.

Der Pfarrer von Ganacker: »Von allem Bösen.«

Volk: »Herr befreie uns.«

Der Pfarrer von Ganacker: »Von aller Sünde.«

Volk: »Herr befreie uns.«

Der Pfarrer von Ganacker: »Von der ewigen Verdammnis.«

Volk: »Herr befreie uns.«

Der Pfarrer von Ganacker lauter: »Von der Dummheit der Bauern.«

Volk: »Herr befreie uns.«

Der Pfarrer von Ganacker noch lauter: »Von der Dummheit der Bauern.«

Volk: »Herr befreie uns.«

Der Pfarrer von Ganacker fast schreiend: »Von der Dummheit der Bauern.«

Volk grummelnd: »Herr, befr...«

Herbert hielt inne. »Weißt du, was diese Geschichte sagt?«, fragte er.

Nein. Ich schüttelte den Kopf und dachte an meinen Großvater.

»Dass es ein Kinderspiel ist, Landwirte zu übertölpeln, wenn sie einem vertrauen. Früher war das Vertrauen angeboren, heute kann man es sich leicht erkaufen.«

Dieses Vertrauen mögen katholische Geistliche auf dem Land nach all den Kirchenskandalen verspielt haben. Neue Heilsbringer sind Düngemittel-Vertreter, Optimierungsberater vom Maschinenring und Förster, die vorrechnen, dass jedes Reh einen horrenden Schaden verursachen könnte.

Der ehemalige Waldarbeiter Herbert, der nach dem Holzfällen in Abendkursen das Abitur nachgeholt und dann selbst studiert hatte und ein Mann der Kirche und des Tierschutzes geworden war, schlüsselte mir seine einfache Rechnung auf: Die Förster machen sich den historisch gewachsenen Autoritätsglauben der Landwirte zunutze. »Sie sagen, es gibt zu viele Rehe. Also glauben die Bauern, es gebe zu viele Rehe. Es ist so einfach: Man sagt einem Bauern, dass sein Eigentum bedroht sei und dass er sich jede Menge Geld sparen könne – schon hat man ihn auf seiner Seite, und er akzeptiert einen als Autorität.« Und schon sehen sie Rehe als feindliche Wesen, die ihren Wald zerstören und ihre Existenz vernichten. Herbert berichtet von jungen Landwirten, die genau das schon in der Landwirtschaftsschule eingetrichtert bekommen. Es soll so weit gehen, dass sie ihre Wiesen vor der Mahd nicht mehr nach Kitzen absuchen, sondern sie lieber totmähen – wenn die Jäger sie schon nicht schießen. Ein Jungbauer aus meinem Landkreis wurde zu einer Geldstrafe von mehr als 12 000 Euro verurteilt, unter anderem weil er ein Kitz totgemäht hatte, auf das ihn ein Jäger hingewiesen hatte. Das tote Kitz war am frühen Morgen mit einer Flugdrohne aufgespürt und mit einer Obstkiste bedeckt worden, damit der Bauer es sehe. Auf die Obstkiste wurde er hingewiesen. Er mähte alles kurz und klein. Den Kadaver warf er achtlos in den Wald. Den Strafbefehl akzeptierte er.

Zu dieser grauenhaften Geschichte passt die Reaktion des Bauernverbandes auf erfolgreiche Kitzrettungen. Der Jagdverband hatte im Jahr 2021 verkündet, es seien circa 90 000 Kitze vor dem Mähtod gerettet worden; er wollte Werbung für Drohnen machen. Sogleich forderten Bauernverband und Förster eine Diskussion über eine dementsprechende Anpassung der Abschussplanung. Wieder erlaube ich mir die Frage: zynisch? Wer sie verneinte, wäre kühn.

Einen in seinen rehfeindlichen Ansichten besonders vehementen Landwirt fand ich im westlichen Oberbayern. Der Mann schickte der Weilheimer Ausgabe der Tageszeitung *Münchner Merkur* einen Leserbrief und stellte darin klar, wie viel Wild zu »entnehmen« sei, damit der Waldzustand sich verbessere. Es stand in einem Leserbrief: »Für die Zukunft muss man zuerst 90 Prozent des Wildes entnehmen.« Ich fand seine Telefonnummer und rief den Verfasser des Beitrages an. Es stellte sich heraus, dass er eine biologische Landwirtschaft betreibt. Der Mann entpuppte sich als eins der Exemplare von Biobauern, die die Bezeichnung »Biobauer« wie einen Heiligenschein mit sich tragen, einen blinkenden Heiligenschein mit Ausrufezeichen, und konventionelle Landwirte für Dummköpfe halten. 90 Prozent? »Ja, mindestens!«, sagte er. Von wie vielen Rehen er in seiner Gegend ausgehe, fragte ich ihn.

»Das sind Hunderte!«

»Hunderte?«

»Ja, auf jeden Fall. Mindestens!«

»Von welcher Fläche sprechen wir?«

»Das Jagdrevier um meinen Ort herum hat 900 Hektar.«

Am Telefon wiederholte der Biobauer nicht nur alles, was er in seinem Leserbrief geschrieben hatte, nämlich, dass Rehe so sehr überhandgenommen hätten und den Jungwuchs der Bäume in einem Maß selektierten, dass nur noch Fichten aufwachsen. Er redete sich in Rage. Und überhaupt, die Rehe seien ja auch dafür verantwortlich, dass einige Baumarten schon ganz ausgestorben sind. »Welche?«, fragte ich. Das falle ihm gerade nicht ein, aber er erkundige sich gern bei dem Förster, von dem er die alarmierenden Informationen über die vermaledeiten Rehe habe.

Soso, dachte ich mir, dann verbreiten also Förster im westlichen Oberbayern das Märchen, Rehe seien schuld am Aussterben ganzer Pflanzenarten. Und sie finden offensichtlich Menschen, die ihnen das glauben.

Jedenfalls machte ich mich auf den Weg in diese Gegend. Ich wollte die Hunderte Rehe sehen. Den Schilderungen des Biolandwirts zufolge hätte ja fast alle 20 Meter eins über den Weg springen müssen. Erst am Abend ließen sich sehr vereinzelt ein paar Tiere blicken, aber dazu brauchte ich die Wärmebildkamera.

In diesem Revier befinden sich einige Waldstücke, die vor etwa 70 oder 80 Jahren gepflanzt wurden. Reine Fichten-Monokulturen. Ich rief den Biobauern an. »Sagen Sie mal, diese Fichtenwälder bei Ihrem Ort ...«

Er unterbrach mich und redete sich schon wieder in Rage. »Alles von den Rehen gemacht. Das nennt man selektiven Verbiss!«

Das reichte mir, mehr wollte ich nicht wissen. Die Fichten stehen in Reih und Glied. Dass Rehe einen Sinn für Symmetrie und dezimetergenaue Abmessungen haben und dementsprechend äsen, war mir neu.

Mit dem Wort »Reh« lassen sich die lustigsten Wortspielchen vollführen. Immer wenn die lateinische Vorsilbe Re- im Spiel ist, kann man ein Reh daraus machen. Man könnte bei der Fortpflanzung von der Rehproduktion sprechen und bei einem Zeitungsbeitrag von einer Rehportage. Ich lasse das alles lieber sein, aber bei einem Wort kann ich es mir dann doch nicht verkneifen. Wie viele Rehe es gibt, kann man nicht sagen. Und ob es viele sind oder nicht, das hängt immer von der Betrachterin und vom Betrachter ab. Es ist, Achtung!, rehlativ.

Früher, im Mittelalter und in der Frühen Neuzeit, als noch flächendeckend Hirsche existierten, blieben die Rehe eher unbeachtet. Für Jäger, zumal für Adelige, war das Reh zu unbedeutend, um ihm im großen Stil nachzustellen. Die Jagd auf Sauen und Hirsche bot mehr Thrill und stattlichere Trophäen. Ungleich beliebter waren Rehe bei Wilderern, Bauern und alten Frauen, die für einen guten Sonntagsbraten Fallen legten, Schlingen knüpften oder eben Kitze von der Wiese klaubten. Kein Mensch wäre auf die Idee gekommen zu erfassen, wie viele Rehe erlegt wurden.

Alle historischen Zahlen, die von Rehen überliefert sind, sind zu vernachlässigen. Sie belegen nur, wie marginal das Reh im Vergleich zum Hochwild eingestuft war; es galt den Jagdbeamten, die solche Listen erfassten, kaum mehr als der Feldhase. Und deshalb erübrigen sich alle statistischen Rückschlüsse, die mit Blick auf die dürftigen Rehwild-Streckenlisten früherer Jahrhunderte gezogen werden. Wer die historischen Streckenlisten dennoch bemüht, um darzustellen, es gebe heute zehn Mal so viele Rehe wie anno dazumal, macht sich unglaubwürdig. Wenn man von der Mitte des 19. Jahrhunderts ausgeht, hat sich die Rehwilddichte wohl sogar um weitaus mehr als um den Faktor zehn erhöht, denn damals waren Rehe in der Schweiz schon so gut wie ausgestorben und im übrigen Mitteleuropa von der Ausrottung bedroht. Damals waren die Rehwildbestände zahlenmäßig auf ein Maß dezimiert, das Besorgnis erregte. Die Einführung eines neuen Jagdgesetzes war so etwas wie ein Artenhilfsprogramm für Rehe und Hirsche.

Rehe zählen unter den Tieren zu den größten Zahlenmysterien überhaupt. Das wussten schon ganz normale Zeitungsredakteure im Jahr 1865: Das *Freisinger Wochenblatt* berichtete im Januar 1865 von einer angeblich »authentischen Zusammenstellung« des Wildbestandes im bayerischen Hochgebirge. Demnach sollen auf einer Fläche von knapp mehr als 380 000 Hektar neben 250 Murmeltieren und 4980 Stück Rot- sowie 9825 Stück Gamswild exakt 2317 Rehböcke, 1370 Rehkitze und 4129 Geißen gezählt worden sein. Über die Erhebungsmethoden informierte die staatliche Stelle nicht. Das veranlasste die Journalisten des Wochenblattes zu einer lakonischen Bemerkung: »Diese Berechnung dünkt der Redaktion teilweise in hohem Grade unzuverlässig.«

Es ist das Erste, was einem in einem Jagdkurs beigebracht wird, und man kann es auch in allen Wald- und Wiesenfibeln nachlesen, selbst in Doktorarbeiten: Das Einzige, was wir über die Zahl der Rehe wissen, ist, dass wir nichts wissen. Bei diesem Sokrates-Zitat sollte man es bewenden lassen, solange keine Methoden entwickelt sind, eine komplette Population per Satellit, Radar, Ultraschall oder irgendwelche anderen Techniken zahlenmäßig zu erfassen. Bisher ist die Wissenschaft daran gescheitert. Das liegt nicht zuletzt daran, dass sich Rehe beliebig oft blicken lassen und dass sie gelegentlich ihr Territorium wechseln, gerade wenn sie das erste Lebensjahr vollendet haben.

Wer bei der Rehpopulation mit Zahlen operiert, ist also mit äußerster Vorsicht zu genießen. Er macht sich verdächtig, dass er Stimmung machen will. Stimmung gegen Rehe oder für sie. Je höher die spekulierten Zahlen, desto dramatischer soll es klingen, meist ist damit ein Appell zur fälligen »Anpassung des Bestandes« verbunden, also zum Abknallen eines erheblichen Teils dieser Population. Und je niedriger solche Zahlen angegeben werden, desto rehfreundlicher sind die Urheber solcher Berechnungen: Seht mal, bald ist das Reh ausgestorben.

Eine Wissenschaftlerin, die an einer bayerischen Hochschule Jagdlehre unterrichtet, ließ sich in einem Zeitungsinterview allen Ernstes zu einer Schätzung hinreißen, wonach »in Bayern 50 Rehe je hundert Hektar Wald leben«. Das mag in manchen Gegenden zutreffen, aber eine solche Zahl pauschal für ein ganzes Bundesland anzusetzen entbehrt nicht nur jeglicher Wissenschaftlichkeit, die man von einer Hochschuldozentin erwarten würde, sondern es offenbart auch, welche Ziele die Absenderin mit einer solchen Zahlenangabe verfolgt: Stimmungsmache gegen Rehe. 50 Stück pro hundert Hektar – das klingt nach verdammt viel. Solche Zahlen sollen die Rechtfertigung liefern, dass viel mehr Rehe geschossen werden müssen. Das impliziert den Vorwurf an die Jäger, dass sie zu wenige Rehe schießen. Es ist die gleiche Methode, mit der ein Förster den Biobauern aus Westoberbayern infiltriert hat, der von Hunderten Rehen fabulierte, deren Bestand um 90 Prozent reduziert werden müsse.

Einig sind sich die meisten Rehforscher indes darin, dass es kaum jemals mehr Rehe gab als heute – auch wenn sie in einigen Gegenden schon stark dezimiert sind. Es gab in Deutschland aber auch schon seit Jahrhunderten nicht mehr so viel und so kleinteilig strukturierten Wald wie heute. Und vor allem ist dieser Wald als Lebensraum rehwildfreundlicher denn je. Die Wälder des Mittelalters und der Frühen Neuzeit muss man sich völlig anders vorstellen als die meisten heutigen Forste. Großteils waren es riesige Buchenwälder; die Buche ist ein Baum, in deren Schatten andere Pflanzen schlecht gedeihen. Rehen fehlte es in diesen Naturwäldern an Deckung, also an Möglichkeiten, sich schnell zu verstecken. Ihre Fressfeinde, der Wolf, der Bär, der Luchs, solange sie noch nicht großflächig ausgerottet waren, hatten vergleichsweise leichtes Spiel, wenn sich überhaupt mal ein Reh in einen so überschaubaren Wald verirrte. Zum anderen mangelte es den Rehen in diesen Wäldern ohnehin an Äsung. Wo im Schatten der mächtigen Buchen wenig wächst, ist wenig zum Fressen da: Mit nur fünf Prozent Biomasse, die für Tiere verfügbar ist, kalkulieren Wissenschaftler in solchen Wäldern.

Das Reh war und ist ein Waldrandbewohner. Und wo es wegen der kleinteiligen Strukturen mehr Waldränder gibt, existieren folglich mehr Rehe. Ein befreundeter Landwirt ist Jagdgenosse in einem 450 Hektar großen Revier. Der Waldanteil liegt dort bei etwa 15 Prozent. 67 Hektar Wald, das klingt nicht nach üppigen Rehwildbeständen. Nun handelt es sich bei den

Wäldern jedoch um drei jeweils drei Kilometer lange Streifen. Multipliziert man die drei mal drei Kilometer Wald mit zwei Waldrändern, kommt man auf 18 Kilometer Lebensraum – ideal für Rehe. Mit ihren kleinen Wäldern werden die Besitzer nicht reich, aber für die Brennholzversorgung reicht es. Normalerweise gibt sich mein Freund mit den Bäumen zufrieden, die bei ihm natürlich und reichlich nachwachsen. Wenn er mal andere, neue, für diese Gegend exotische Bäume wie Douglasien in den Bestand bekommen will, pflanzt und schützt er sie selbstverständlich. Denn Rehe lieben exotische Pflanzen. Der Jäger in diesem Revier muss pro Jahr 28 Rehe erlegen. Das schafft er locker. Wenn er 50 Rehe schießen müsste, wäre das auch leicht möglich, ohne dass die Population nennenswert darunter leiden würde. Und schösse er nur zehn Rehe im Jahr, wäre das auch einerlei. Die Rehe würden das schon selbst regeln.

In vielen Fällen balancieren sich die Rehpopulationen selbst aus. Wenn mehr Kitze umkommen und die Lebensbedingungen passen, setzen die Geißen mehr Nachwuchs. Wird es eng und ungemütlich im Lebensraum, nimmt der Fortpflanzungseifer der Rehe ab. Wird es aber noch enger und noch ungemütlicher, steigt der Stress in der Population. Das macht sich an abgemagerten Tieren bemerkbar, die dann Opfer von Parasiten werden und verkümmern. Der bayerische Bund Naturschutz verbreitet immer wieder das Szenario von armen Rehen, die unter der Vielzahl ihrer Artgenossen leiden. Zu Gesicht bekam ich ein solches Revier nicht. Angesichts der hohen Abschusszahlen ist es auch ziemlich unwahrscheinlich, dass es noch Reviere gibt, in denen Rehe nennenswert geringere Körpergewichte aufweisen als im Durchschnitt. Es gibt in jedem Revier schwerere Tiere und leichtere.

Aber wie viele Rehe, egal ob gut oder weniger gut entwickelt, verträgt der Wald? Von außen betrachtet ist Holger Sticht unter den wichtigsten Funktionären des Umweltschutzes in Deutschland so etwas wie ein aus der Art geschlagener Punk. Er ist Vorsitzender des BUND Nordrhein-Westfalen. Anders als seine Kollegen lässt er sich nicht von überwiegend forstökonomisch orientierten Förstern diktieren, was er über Waldbau zu glauben und dann auch zu propagieren hat. Deswegen dürfte er unter den Spitzenumweltschützern ungefähr so beliebt sein wie der Förster Peter Wohlleben unter den anderen Förstern. Ginge es nach Sticht und Wohlleben, könnte man am Stellenplan der Förster einen großflächigen Kahlschlag vornehmen und im großen Stil Jagderlaubnisscheine einziehen – und die Natur würde davon profitieren.

Sticht berichtet von großen Wäldern, in denen die Jagd nahezu vollständig ruht. Und dennoch – oder vielleicht auch gerade deshalb – gedeihen sie, indem sie sich ohne menschliches und forstliches Zutun selbst verjüngen. Die Rehpopulation reguliere sich hier ebenso selbst wie der Bestand an Wildschweinen, sagt Sticht. Man spricht von der biotischen Kapazität des Lebensraumes. Sie geht hier offenbar einher mit der ökonomisch vertretbaren Rehwild-Kapazität, weil man Natur Natur sein lässt und nicht eingreift – ein idealer, ein paradiesischer Zustand.

Vom Jagen und von Jägern hält Sticht nicht allzu viel. Die einen leben in seinen Augen Komplexe aus, weil sie auf Tiere schießen, die anderen hegen Paarhufer »wie in einem Freiland-Zoo«, was wiederum waldbauliche Ziele ebenso konterkariere wie naturnahe Zustände. In Stichts Naturwäldern werden Tiere weder gefüttert noch erschossen. »Konflikte mit Paarhufereinflüssen« seien »waldbaulich verursacht und damit hausgemacht. In Altersklassenforsten und Wirtschaftswäldern fehlen meist Strukturen, die Naturverjüngung in naturnahen Waldökosystemen Konkurrenzvorteile verschafft: Verlichtungsstadien, auf denen sich beispielsweise Brombeere oder Weißdorn

entwickeln können, die eine Verbissgegenstrategie und damit
›Jugendschutz‹ für Bäume bieten, oder auch der natürliche Verbissschutz durch umgestürzte Bäume.« Erst wegen dieses Man-
gels kämen im Fall langer Wald-Feld-Grenzen die günstigen
Nahrungsverfügbarkeiten, die landwirtschaftliche Nutzflächen
mitunter bieten, und damit höhere Populationsdichten von
Paarhufern durch Einflüsse auf angrenzende Waldflächen zum
Tragen. Das heißt: Eine starke Reh-Population, die sich in neun
oder zehn Monaten auf Feldern und Wiesen bestens ernähren
kann, äst in den restlichen drei oder zwei Monaten im Wald.
Und wenn dort nur die Triebe junger gepflanzter Bäume, die
nicht geschützt sind, und keine schmackhaften Brombeerblätter vorhanden sind, dann geht es diesen Trieben an den Kragen.
Aber über die Zahl einer tragbaren Rehwilddichte sagt auch das
noch lange nichts aus.

  Während die Zahl der lebenden Rehe ein Geheimnis der Natur bleiben wird, ist die Zahl der getöteten genau erfasst. Ist das
nicht makaber? Im Jagdjahr 2000/01 kamen deutschlandweit
1 071 236 Rehe zu Tode – entweder durch Abschuss oder durch
Unfälle. Im Jagdjahr 2006/07 waren es 1 053 121, seither nahmen die Zahlen nahezu jedes Jahr zu. Die aktuellste Statistik,
die für das Jagdjahr 2020/21, weist 1 285 562 getötete Rehe auf,
so viele wie nie zuvor. Den Gegnern der Rehe ist das immer
noch nicht genug. Sie fordern noch mehr Abschüsse. Die Zahl
der toten Rehe soll belegen, dass es noch mehr lebenden Rehen
an den Kragen gehen muss. Ja, das ist makaber.

  In Bayern wurden im Frühjahr 2022 wieder die Rehwild-
abschusspläne für die folgenden drei Jahre festgelegt. In vielen
Gegenden wurden sie erneut erhöht – aber bei Weitem nicht in
die Höhen, die Forstökonomen gefordert hatten. Im März kur-
sierte ein Schreiben, das der Bund Naturschutz mit den zwei
Forstverbänden Arbeitsgemeinschaft Naturgemäße Waldwirt-

schaft und Bayerischer Forstverein sowie mit dem Ökologischen Jagdverein an bayerische Landrätinnen und Landräte verschickte. Sie forderten, in manchen Gegenden die Abschusszahlen zu verdoppeln. Ihr Anliegen ist vorwiegend wirtschaftlicher Natur, »dass der Waldnachwuchs ohne Zaun oder Verbissschutz flächig aufwachsen kann«. Dabei übersehen sie zum einen, dass Ökologen inzwischen andere und bewährtere Methoden als die permanente Abschusserhöhung befürworten, Äsungsflächen zum Beispiel, die das Rehwild ablenken sollen – und dass selbst in Revieren, in denen Rehe mit der von ihnen geforderten Vehemenz abgeknallt werden, der Einsatz von Zäunen und Verbissmanschetten an der Tagesordnung ist. Diese vier Verbände scheinen gemeinsam ein Rehtötungskartell zu bilden. Bereits drei Jahre zuvor, als ebenfalls ein neuer Abschussplan erstellt wurde, hatten sie den Landräten und Landrätinnen einen ähnlichen Brief gesandt. Damals klangen ihre Tötungsforderungen noch nicht ganz so brutal: Seinerzeit hatten sie »nur« um bis zu 40 Prozent höhere Abschusszahlen gefordert.

Forderungen wie die rigorose Abschusserhöhung von Naturschutzfunktionären und Forstökonomen gab es schon vor 200 Jahren. Den fränkische Forstmann Johann Christian Friedrich Meyer kann man gar als Vordenker der heutigen Wildgegner betrachten. Meyer schrieb ein weithin beachtetes Werk mit dem Titel *Forstdirektionslehre nach den Grundsätzen der Regierungspolitik und Forstwissenschaft.* Darin stellte er provokante Fragen wie: »Ob es im Allgemeinen und in einzelnen Gegenden, insbesondere für Waldungen vorteilhafter und deshalb nützlicher, dem Interesse des Staates und des Forsteigentümers angemessener, dasjenige Wildbret, von dem man Schaden an Waldungen und Feldern hat, gänzlich auszurotten?« Schließlich wolle er keinesfalls behaupten, dass zum Gedeihen der Staatswohlfahrt alle Wildtierarten »beibehalten werden müssten«. Das Reh war dem Forstmann Meyer offenbar besonders unsympathisch, wie man aus seiner Wortwahl schließen kann. Es sei »lüstern und leckerhaft« und für die Wälder schädlicher als der Hirsch. Meyer schlug kurzerhand vor, manche Wildtierarten in einigen Gegenden auszurotten und durch andere zu ersetzen. Wie viele Tiere ein Wald verträgt, rechnete Meyer exakt vor: In einem Buchenwald von etwa 1000 Hektar könnten demnach 82 Hirsche und 27 Rehe leben, ohne Probleme zu verursachen. Einzelne Wildarten, darunter das ungeliebte Reh, hätte er am liebsten durch andere ersetzt: »Man verbanne zum Beispiel das Sau-, Dam- und Rehwild und führe dagegen einen bloß aus Edelwild und Hasen bestehenden Wildstand ein. Die in jedem Betracht mehr schädlichen als nützlichen vertilge man ganz, wenigstens bis zur Unschädlichkeit, wie die Eichhörnchen und Biber, wilde Tauben et cetera.« Das vermindere den Waldschaden. Was Dam- und Rotwild angeht, ist sein Vorschlag immerhin beherzigt worden: Die Ausrottung dieser Tierarten in weiten Teilen des Landes ist von den Regierungen mehrerer Bundesländer längst verordnet worden.

Die von Meyer selbst herausgegebene *Zeitschrift für das Forst- und Jagdwesen in Baiern* griff das Thema im Jahr 1815 in einer ausführlichen Erörterung auf. Darin kam der große bayerische Rechtsgelehrte Wiguläus von Kreittmayr mit einer salomonischen Lösung zu Wort: Ersatz von Wildschaden an Feldfrüchten können Grundbesitzer allenfalls dann geltend machen, wenn »man sich gegen das Wild mit Zäunen leicht hat verwahren können«. Zäune waren Förstern aber schon damals zu teuer.

WIE WIRKEN SICH REHE
AUF IHRE UMWELT AUS?

Die Geschichte der Wildschäden ist so alt wie die Forstwirtschaft. Seit der Wald eine Naturindustrie als nachhaltiger Rohstofflieferant und eine Industrienatur als Tummelplatz für Erholungssuchende ist, gelten Wildtiere in diesem Ökosystem potenziell als Störfaktoren.

Die Lektüre alter, und zwar sehr alter Bücher über die Rehe und die Jagd verblüfft. Das Problem mit dem Wild im Wald, wenn man überhaupt von einem Problem reden will, ist schon vor 250 Jahren behandelt worden, wenn auch wesentlich souveräner als heute von manchem Baumfreund, der beim Anblick einer angenagten Jungtanne in Tränen ausbricht wie Asterix' Hund Idefix, wenn Obelix mal wieder einen Baum ausreißt. Der Forstmann Heinrich Wilhelm Döbel erkannte, dass junge Forste »wie eine schwangere Mutter oder eine brütende Henne« zu schonen seien. »Denn schlägt man die Henne auf den Eiern tot, so wird daher keine lebendige oder doch eine schlechte Frucht zu erwarten sein.« Durch Döbels Werk, man merkt's an der Sprache, weht der Geist der ausgehenden Barockzeit. Selbstredend räumte der Autor ein, dass »starke Wildbahnen dem jungen Zuwachs auch sehr schädlich« sein können.

Doch es gebe Möglichkeiten, sowohl den Wildbestand als auch das Holz in gleichem Maße zu konservieren. Und das sogar ganz einfach: durch den Bau von Zäunen, die vom Auskeimen der Pflanzen bis zum Erreichen einer Größe stehen bleiben, bei der Wild keine Gefahr mehr darstellt. Damit die Tiere nicht hungern, solle man im Wald Heuschuppen errichten und sie bei starkem Winter füttern. Übrigens gab es natürlich auch zu Döbels Zeiten schon Käferprobleme in Nadelhölzern. Döbel sprach »von dem fliegenden Wurme«.

Je mehr alte Bücher ich über Rehe und Wälder las, desto erstaunter war ich von dem immer gleichen Muster, nach dem Konflikte über Rehe laufen. Das großartige Werk des klugen Försters Ferdinand von Raesfeld über *Das Rehwild* ist jetzt gut einhundert Jahre alt. Bei der Lektüre des Kapitels »Verhalten zu Feld und Wald« in der dritten Auflage von 1923 könnte man glauben, da berichte ein Ökologe des Jahrs 2020. Deshalb ein etwas längerer Auszug:

»Je nach dem Standpunkt, den man dem Wild und der Jagd gegenüber einnimmt, wird die Verurteilung des Nutzens und Schadens, den das Reh bietet und verursacht, verschiedener Art sein. Für den Jäger wird der etwaige Schaden durch die Freude an der Jagd wie an der Beobachtung des Wildes reichlich aufgewogen; für den Landwirt, der nicht Jäger ist, kann auch ein an sich unbedeutender Schaden schon zur Quelle des Ärgers werden. Dafür kann man immerhin Verständnis haben. Ganz verständnislos aber habe ich immer denjenigen (...) Forstleuten gegenübergestanden, die über starken Wildschaden klagten, wenn ihnen in einem geviertmeilen-großen Wald einige Stämmchen vom Rehbock durch Fegen vernichtet, ja oft nur vorübergehend verunziert wurden. Mich hat dann immer ein Rechenexempel gereizt: 5000 ha Waldfläche, 100-jähriger Umtrieb, macht alleräußerst 50 ha jährliche Kulturfläche. Auf 1 ha kommen bei 1,3 m Geviertverband rund 5900 Pflanzen, mithin auf 50 = 5900 x 50 = 295 000 Pflanzen. Von diesen sollen 1000 durch Fegen und Schlagen der Böcke vernichtet werden, was nur bei einem außerordentlich starken Rehbestand denkbar wäre; das ergäbe 0,3 Prozent. Bei Saaten würde der Schaden noch geringer sein. Diese winzige Schuld, die zudem bei weiterem Wachstum der Kulturen gänzlich verschwindet, wird dem unglücklichen

Rehbock mit roter Tinte ins Buch geschrieben. – Ich habe aber noch niemals gehört, dass solche einseitige Waldeiferer die weit höheren Verlustprozente, die durch falsche Wirtschaftsmaßregeln, durch die Wahl von Holzarten, die dem Standort nicht entsprechen, durch unzweckmäßige Kulturarten, durch mangelhaft erzogene Pflanzen und Vernachlässigung der Aufsicht entstanden sind, sich selbst ins Schuldbuch geschrieben hätten. Da würde (...) der Rehbock wie ein weißgebrannter Engel gegen diese Waldphilister dastehen.« Raesfeld räumte ein, dass »übermäßig gehegte Rehstände« reichlich Schaden verursachen können. »Aber das Interesse von Wald und Wild kann in Einklang gebracht werden.« Der große Rehforscher kannte Rehbestände, die so sehr ausuferten, dass sie sogar den Feldern der Bauern und dem Getreide ernsthaft zusetzten. Womit wir wieder bei der Frage nach der Populationsdichte wären und bei der Behauptung: Es gab noch nie so viele Rehe wie heute. Dass ein Landwirt Wildschaden wegen Rehen im Getreide angemeldet hätte, ein solcher Fall ist mir in all der Zeit meiner Recherche nicht untergekommen. Entweder die Bauern haben damals maßlos übertrieben, einfach um ihre Jagdpächter nach allen Regeln der Kunst zu schröpfen, oder es gab in manchen Gebieten wesentlich mehr Rehe als jetzt. Als weiteres Indiz dafür kann ein Beitrag aus dem frühen 19. Jahrhundert gesehen werden, den Raesfeld zitiert. Dort berichtet ein Förster, seinem Wald würden die Rehe sogar junge Kiefern verbeißen – Kiefern sind für Rehe normalerweise so interessant wie Aprikosenmarmelade für ein Krokodil; die Not muss schon groß gewesen sein. Versuche, die Rehe mit Scheuchen zu vergrämen und mit Hunden davonzuhetzen, scheiterten. Dann »wurde blind auf sie gefeuert, sodass einige in der bangen Flucht das Genick abstürzten – doch standen am andern Morgen von eben denselben Rehen wieder einige zwanzig ganz gemütlich in derselben Schonung. Da jene Vorkehrungen also nichts halfen, musste ein Jäger morgens und abends durch die Schonungen schleichen und blind auf jedes Reh feuern, das er darin antraf. Umsonst! In der nächsten Nacht waren demungeachtet mehrere Hundert Kiefernstämmchen wieder verbissen.« Der Förster Raesfeld will mit dieser Passage demonstrieren, dass Rehe von Ort zu Ort recht unterschiedliche Vorlieben haben.

Die Frage, welchen Schaden Rehe anrichten, würde ich mir heute aber nicht mehr unbedingt von Förstern beantworten lassen. Es fängt eigentlich schon damit an, wie man die Frage stellt. Man kann so fragen: Wie schlimm ist Verbiss? Oder etwas differenzierter, etwa so: Wie wirkt sich der Einfluss von Wildtieren auf den Wald aus und wie auf Forstkulturen?

Diese Frage werden Försterinnen und Förster immer aus ihrer forstlichen Sicht beantworten. Und diese fachliche Sicht orientiert sich, weil es sich bei ihrer Disziplin um eine angewandte Wissenschaft handelt, immer am Ergebnis. Angewandte Wissenschaften dienen – vereinfacht gesagt – der Erforschung eines praktischen Ziels. Im Fall der Forstwissenschaft geht es um das Ziel, dass Bäume störungsfrei und somit möglichst zügig und dabei vor allem stabil heranwachsen, damit spätere Generationen sie ernten können. Im Gegensatz zu angewandten Wissenschaften fassen Grundlagenwissenschaften keine Ziele ins Auge; die Biologie zum Beispiel erforscht, warum und wie sich die Dinge entwickelt haben und entwickeln, die Botanik als Teilfach der Biologie widmet sich den Pflanzen, die Zoologie den Tieren, die Ökologie den Beziehungen von Lebewesen untereinander und zu ihrer unbelebten Umwelt.

Wenn ich nun einen Förster nach dem schädlichen Einfluss von Wildtieren frage, bekomme ich die gleiche erwartbare Antwort wie von einem Getreidebauern, den ich nach dem schädlichen Einfluss von Unkraut frage. Wildtiere wirken natürlich, und zwar im wahrsten Wortsinn natürlich auf ihren Lebensraum ein, und Unkraut wirkt sich natürlich auf die Getreideerträge aus. Also muss man in der angewandten Forst- ebenso wie in der angewandten Agrarwissenschaft Lösungen finden, wie die Betriebsziele möglichst unkompliziert erreicht werden können. Landwirte spritzen Herbizide auf ihre Getreidefelder. Und Forstwirte?

Forstwirte setzen auf Abschuss. Bis dato dominieren sie alle Debatten um Wald und Wild. Sie erheben die Schäden, sie ordnen sie ein, und sie beurteilen sie. Wenn man die Rehe in der Rolle des Angeklagten sieht, nehmen Förster drei Rollen auf einmal ein: Erst agieren sie als Polizei, dann machen sie sich zur Staatsanwaltschaft, und schließlich dürfen sie auch noch Richter spielen. Ganz am Ende nehmen sie das Meinungsbildungsmonopol für sich in Anspruch. Wer andere Auffassungen unters Volk bringt, wird als unsachlich oder unseriös diskreditiert.

Ich habe bei meiner Recherche über Rehe gelernt, dass es eine Reihe von anderen Fachleuten gibt, die bei der vermeintlichen Wildschadensproblematik zu ganz anderen Ergebnissen kommen als Försterinnen und Förster. Ökologen wie der Österreicher Friedrich Reimoser zum Beispiel. Ein Wissenschaftlerleben lang hat sich der Professor am Forschungsinstitut für Wildtierkunde und Ökologie der Veterinärmedizinischen Universität Wien mit Wildtierkunde und Ökologie beschäftigt und Dutzende, wenn nicht sogar Hunderte Publikationen über den Einfluss von Schalenwild auf den Wald verfasst.

In seiner neuesten Studie, einem Langzeit-Forschungsprojekt mit seinem Kollegen Josef Stock, hat Reimoser »Langfristige Auswirkungen von Wildverbiss auf ehemaligen Wildschadensflächen« untersucht. Die Arbeit kam im April 2022 heraus. Um es zuzuspitzen, lautet das Ergebnis: Prognosen über Auswirkungen von Einwirkungen von Paarhufern im Jungwuchs sind Unfug. Waldflächen mit jungen Bäumen, bei denen die Verbisssituation als höchst problematisch eingestuft und denkbar schlechte Chancen auf das Erreichen der waldbaulichen Ziele in Aussicht gestellt wurden, sehen nach 30 Jahren völlig anders aus als prognostiziert. In den allermeisten Fällen lassen sie sich von anderen Flächen nicht unterscheiden. »Dies widerspricht gängigen Wunschvorstellungen über die Treffsicherheit von etablierten Verfahren zur Erfassung und Bewertung von Wildschäden. Im multifaktoriellen Wirkungssystem ›Waldverjüngung‹ konnten die später verbleibenden Auswirkungen von Baumverbiss und Stammfegung auf den Waldaufbau oft nicht richtig eingeschätzt werden.« Auf den untersuchten Flächen kamen und kommen Rotwild, Gämse und Rehe vor.

Über die vergangenen vier Jahrzehnte hinweg hat Friedrich Reimoser mit seiner Forschung nachgewiesen, dass eine vergleichsweise hohe Rehwilddichte nicht automatisch mit hohen Wildschäden korreliert. Im Gegenteil: Der größte Wildschaden entstehe oft in Gebieten mit der geringsten Wilddichte, etwa auf großflächigen Kahlschlagregionen. In Waldrandzonen und kleineren Kahlschlagflächen sei die Rehwilddichte unweigerlich größer, wegen des Äsungsangebots falle aber der Verbiss kaum nennenswert aus.

In Bayern gibt es seit dem Jahr 1986 ein Vegetationsgutachten, bei dem Förster den Zustand der Waldverjüngung überprüfen. Aus diesen Zahlen glauben sie ablesen zu können, ob zu viele Rehe in den jeweiligen Revieren leben oder ob der Rehbestand tragbar oder gar günstig für die Verjüngung ist. Friedrich Reimoser hat diese Erhebungsmethode ebenso unter die Lupe genommen wie andere amtliche Versuche, die Einwirkungen von Rehen auf forstliche Flächen festzustellen. An der Universität für Bodenkultur hat er als Professor eine Masterarbeit über das bayerische Verbissgutachten betreut. Fazit: Das Ergebnis ist mangelhaft, denn die Untersuchungen, die alle drei Jahre im Wald vorgenommen werden, erzielen keine Aussagekraft über die tatsächlichen Baumbestände. Zudem basieren sie auf völlig falschen Grundannahmen, weil es davon ausgehe, »dass die Ursache für einen Wildschaden monokausal durch einen hohen Wildbestand bedingt ist«.

Der Freisinger Mediziner und Jäger Holger von Stetten ist eine Zeit lang mit Vorträgen über die fragwürdigen Erhebungen aufgetreten. Sie sind auf Youtube zu sehen und schildern sehr einleuchtend, wo das Problem liegt: an der fehlenden Bezugsgröße. Ist zum Beispiel an einem Ort von einem 50-prozentigen Tannenverbiss die Rede, können das 100 von 200 Tannen sein oder auch nur eine von zwei. Und obwohl von 100 nicht verbissenen Pflanzen ohnehin wieder ein beträchtlicher Teil herausgeschnitten werden müsste, damit andere besser gedeihen, schrillen bei den Waldbesitzerverbänden bei 50 Prozent Verbiss die Alarmglocken – und sie fordern mehr Rehabschüsse.

Laut dem jüngsten bayerischen Vegetationsgutachten wurden bayernweit an 21 519 Verjüngungsflächen im Wald etwa 2,1 Millionen junge Waldbäume auf Schalenwildeinfluss untersucht. Der Anteil der Laubbäume habe weiter zugenommen und liege nun bei 52 Prozent, der Anteil der Nadelbäume bei 48 Prozent. Der Anteil der Pflanzen mit frischem Leittriebverbiss liege bei der Fichte bei zwei, bei der Tanne bei elf, bei der Kiefer bei fünf, bei der Buche bei 16, bei der Eiche bei 25 und bei den Edellaubbäumen bei 23 Prozent. Das heißt zum Beispiel, dass 98 Prozent der Fichten ebenso unversehrt wachsen wie 89 Prozent der Tannen und 75 Prozent der Eichen. Und wohlgemerkt: Wir reden von einem Wald, der umgebaut, also umkultiviert werden muss, weil die Menschen ihn zuletzt auf eine missliche

Weise bewirtschaftet haben. Ist es da ein Wunder, wenn Jagdverbände dagegen protestieren, dass Rehe als Sündenböcke herhalten müssen? Jetzt soll er natürlicher werden – aber bitte ohne die natürlichen Begleiterscheinungen.

Gleichzeitig mit Friedrich Reimosers Langzeitstudie veröffentlichte die Firma Artemis Heute&Elmer GbR einen Abschlussbericht über ihr »Rehwildprojekt NRW«. Sogleich wurden die Ergebnisse auch in der landwirtschaftlichen Fachpresse verkündet. Es war ja auch wirklich beachtlich, wie bleihaltig die Luft in den Testrevieren geworden war. Der Abschuss wurde von jetzt auf gleich von 8,6 Rehen pro 100 Hektar erst auf 13 Rehe pro 100 Hektar und dann auf 23 Rehe pro 100 Hektar gesteigert. Bauern, die sich jegliche Schutzmaßnahmen beim Waldumbau sparen wollen, gefallen solche Zahlen. »Während zu Projektbeginn regelmäßig auch tagsüber mehrere Rehe auf den Wiesen beobachtet werden konnten (bei relativ geringer Fluchtdistanz), sah man nach drei, vier Jahren auf den Wiesen nur noch selten Rehe bei Tageslicht«, schreiben die Berichterstatter von Artemis. »Dass die Rehe tagsüber nicht mehr so erlebbar sind, ist für viele (Spaziergänger, Anwohner, Kinder) sicherlich bedauerlich. Allerdings ist es eher ein Zeichen von Naturnähe, wenn sich nicht andauernd Rehe auf den Wiesen beobachten lassen. Bei angepassten Dichten halten sich Rehe, als ursprüngliche Waldart, fast ausschließlich im Wald auf.« Nun könnte man einwenden, dass die Studie auf falschen Annahmen fußte, wenn sie das Reh als Waldtierart einstufte. Die Projektleiter fordern »brauchbare Jäger«, und zwar einen für 50 bis 75 Hektar Wald. Besonders effektiv seien die Bewegungsjagden, wobei hier 20 Schützen auf 100 Hektar postiert sind und mehrere Durchgehergruppen mit zahlreichen Hunden die Rehe aus ihren Einständen sprengen. Sozialstrukturen spielen hier keine Rolle mehr: »Die Vorgabe ›jung vor alt‹ macht – abgesehen davon, dass diese Maßgabe ›Ehrenkodex‹ unter den Jägern sein dürfte – bei Bewegungsjagden auf Rehwild wenig Sinn.«

Als Freund von Rehen und Befürworter einer möglichst dem Tierwohl entsprechenden Jagd kann man nur hoffen, dass angesichts solch zynischer Bemerkungen möglichst wenige Jäger »brauchbar« im Sinne der Firma Artemis werden wollen. Als Erfolg vermeldet sie, dass selbst seltene Baumarten, die in die Reviere gepflanzt wurden, ohne jegliche Schutzmaßnahmen gedeihen. Statt Pflanzenschutzmaßnahmen zu subventionieren, fordert die Firma Artemis »eine staatliche Förderung von Hochsitzen«. Noch günstiger könnten allerdings auf Dauer Selbstschussanlagen sein, die jedes Reh vernichten, sobald es eine sensible Fläche betritt!

Einer der beiden Chefs dieser Firma leitet ehrenamtlich den Ökologischen Jagdverein Nordrhein-Westfalen. Selbstverständlich kommt er in seinem Abschlussbericht auch auf die wirtschaftlichen Aspekte seiner Rehwildoffensive zu sprechen. Er geht davon aus, dass »jedes erlegte Reh in den ersten fünf Jahren des Waldumbaus zu einer betriebswirtschaftlichen Ersparnis von 1500 Euro führte«. Seine Berechnungen müssen jedem Waldbesitzer den Atem rauben und feuchte Augen verursachen. Die Wiederbewaldung einer Kalamitätsfläche sei mit Zäunen und herkömmlicher Jagd neun Mal so kostspielig wie mit seiner Waldbaumethode mit der Büchse und »brauchbaren Jägern«.

Solche brauchbaren Rehkiller werden zum tierschützerischen Problem. Die frühere bayerische Landtagsabgeordnete Tessy Lödermann focht in den 1990ern heftige Debatten aus. Sie ist bei den Grünen, ihr Widersacher, der Jagdverbandspräsident Jürgen Vocke, war ein Mann der CSU. Klassische Rollenbilder, gemacht für Drehbücher: Tierschützerin von den Grünen contra schwarzen Oberjäger. Bei Lödermanns Dachverband, dem Deutschen Tierschutzbund, gibt es den Grundsatz, dass Jäger keinem verbandsangehörigen Tierschutzverein vorsitzen dürfen – für Förster gilt das vermutlich nicht. »Durch persönliche Kontakte und die Tatsache, dass wir Tierschützer vor Ort immer wieder mit Jägern zu tun haben, die Verstöße gegen das Tierschutzgesetz nicht mehr hinnehmen wollen, hat sich das Klima zwischen Jägern und Tierschützern an vielen Orten verändert«, sagt Lödermann. Neben den klassischen Tierschutzthemen wie Tierversuche, Tiertransporte, Massentierhaltung beschäftigen sich immer mehr Tierschützer auch mit Fragen wie Jagd und dem Umgang unserer Gesellschaft mit den Wildtieren. Viele Drückjagden hält die Grünen-Politikerin für Tierquälerei. Die Causa »Reh« könnte zu einem Sündenfall für die Grünen werden. Fragt sich, warum Lödermann in ihrer Partei bislang nicht durchdringt. Weil dort Förster dominieren, die im Forst profitabel arbeiten müssen?

Der österreichische Ökologe Friedrich Reimoser zuckt bei Rechenexempeln wie denen von der Firma Artemis mit den Schultern. Weil er sie für Humbug hält, auch wenn er das niemals so drastisch ausdrücken würde. Er arbeite gern mit Förstern zusammen, die über Wild im Wald forschen wollen. Aber mit dem Ökologischen Jagdverein wolle er bitte nichts mehr zu tun haben. Er hält schon den Namen für eine Schimäre. »Eigentlich«, sagt Friedrich Reimoser, »müsste diese Vereinigung Ökonomischer Jagdverband heißen.« Die Artemis-Rechenspiele bestätigen ihn.

Und eine ziemlich frische Studie aus der Schweiz untermauert seine Erkenntnisse über den Einfluss der Wildtiere auf die Vegetation. Sie trägt den Titel »Nahrungsnetze im Schweizerischen Nationalpark« und erschien 2020 in Bern. Für die Forschungskommission des Schweizerischen Nationalparks haben sieben Autorinnen und Autoren, unter denen Pia Anderwald, Anita C. Risch und Martin Schütz auch als Redaktion fungierten, über viele Jahre hinweg Daten gesammelt und ausgewertet. Für die Studien wurden Rothirsch, Gams und Steinbock herangezogen. Allein aufgrund der Intensität und der Dauer der Erhebungen hat man also eine aussagekräftige Untersuchung in der Hand. Sie beinhaltet zehn Kapitel auf 158 Seiten und ist auch für interessierte Laien lesbar. Die Resultate könnten auch Politiker überzeugen, die gegenüber Paarhufern skeptisch eingestellt sind.

Im Kapitel »Bedeutung der Nahrungswahl von Huftieren für die Baumverjüngung« kommen die Schweizer Wissenschaftler zu folgendem Ergebnis: »Weder die Verjüngungsdichte noch die Vielfalt an Baumarten, die an der Verjüngung beteiligt sind, korrelieren mit den Huftierbeständen.« Umso bemerkenswerter ist diese Erkenntnis, obwohl sich überall im Schweizer Nationalpark (SNP) Verbissspuren an Bäumen zeigen und gut sichtbar seien und die Huftiere das Höhenwachstum von Jungbäumen deutlich verzögern. Dennoch beweisen die Daten, »dass im SNP die Waldverjüngung durch Wildverbiss nicht verhindert wird«. In manchen Gebieten konnten sich trotz »hohen Wildtierbeständen« mehr Jungbäume etablieren.

Manche Zusammenhänge von Herbivoren (Pflanzenfressern) und Vegetation sind faszinierend. Wenn keine Tiere an die Kräuter gelangen konnten, entwickelten diese Pflanzen zum Beispiel größere und nährstoffärmere, aber auch weniger Blätter. Bei Gräsern wachsen ohne Herbivoreneinfluss wesentlich mehr, aber nährstoffärmere Blätter. »Zu den artenärmsten Pflanzengemeinschaften«, heißt es in der Studie, »gehören intensiv gedüngte Wiesen ohne Herbivoren.« Diese sorgen für eine hohe Biodiversität. Was will man mehr?

Zu den bedeutendsten Grundlagenforschern, die aufs Gesamtgefüge Wald schauen und nicht vorwiegend auf Forstpflanzen, die eines Tages als Bauholz Profit bringen sollen, zählt die

Biologin Christine Miller. Sie lebt am Tegernsee und betätigt sich seit Jahrzehnten unermüdlich als Aktivistin. Wer ihren Namen in Gegenwart eines Försters oder einer Försterin erwähnt, muss mit bösen Blicken rechnen. Christine Miller hat den Verein »Wildes Bayern« gegründet, der den Forstökonomen weit über Bayern und Deutschland hinaus auf die Finger, Gewehre und Kettensägen schaut. In Österreich ist die promovierte Biologin sogar Gerichtsgutachterin. Zu Hause in Bayern ist sie so umstritten, dass der Jagdverband sie nicht mehr als Jägerprüferin bestellt hat, um die Förster nicht zu brüskieren. Mit ihrem anerkannten Naturschutzverband zieht sie oft für Wildtiere vor Gericht. Manchmal scheitert sie, manchmal gewinnt sie. Im Frühjahr 2021 triumphierte sie wieder einmal; es ging um Rehe: Mehrere Landkreise wollten die Schonzeit verkürzen und die Jagd auf Böcke statt am 1. Mai schon Mitte oder gar Anfang April beginnen lassen. Der Staatsforst, ein adeliger Großwaldbesitzer und ein Schädlingsbekämpfer vom ÖJV hatten die frühere Schusszeit beantragt, obwohl sie die Abschusszahlen stets mit den üblichen Fristen locker hinbekommen und gute Ergebnisse bei der Verbissinventur erzielt hatten. Christine Miller war seinerzeit dabei, als einer ihrer Hochschulprofessoren den Ökologischen Jagdverein mitgründete. »Als ich merkte, dass es da vorwiegend um wirtschaftliche Ziele geht, habe ich mich abgewandt«, erzählt sie. Wenn die Förster einmal zahlenmäßig erfassen würden, wie viele Jungpflanzen und wie viel Waldboden durch schwere Forstmaschinen dauerhaft beschädigt werden, dann wäre das eine sinnvollere Tätigkeit. Sie ist überzeugt, das Ergebnis würde die Schadensbilanz von Rehen und Hirschen bis zur Lächerlichkeit relativieren.

Fragt sich, wem die Horrorszenarien von den schädlichen Paarhufern letztlich dienen. Ein unausgesprochenes »Was soll das eigentlich?« schwebt auch über dem kurzen Aufsatz »Aspekte zum Forst-Jagd-Konflikt«, den Friedrich Reimoser im Jahr 2016 anlässlich der 22. österreichischen Jägertagung schrieb. Reimoser hebt seine Wortwahl explizit hervor: Es gehe nicht um ein Wald-Wild-Problem, sondern um eine Forst-Jagd-Kontroverse. Oft gibt es, wenn gestritten wird, nur Verlierer. Hier profitiert bislang vor allem eine Partei: die Förster. Reimoser zitiert einen Forstbeamten, der kein Blatt vor den Mund nahm: Es wäre eine Katastrophe, soll der Mann gesagt haben, wenn das Wildeinflussmonitoring zu positiven Resultaten gelangen würde, »da können wir keinen Druck auf die Abschlussplanerhöhung machen!« Leiden Rehe darunter, dass Förster eine Daseinsberechtigung brauchen? Reimoser folgert jedenfalls aus der Äußerung des Beamten: »Ein ausgeprägter Forst-Jagd-Konflikt könnte auch eine positive Komponente für die Wichtigkeit des amtlichen Forstpersonals und damit letztlich auch für dessen gesellschaftliche Anerkennung und damit Arbeitsplatzsicherung haben.« Das Krachowski-Papier aus Bayern war dem österreichischen Professor erstaunlicherweise noch nicht bekannt, als er diesen Aufsatz veröffentlichte. Es erklärt das gleiche Ziel, als Mittel wählt es den problemverstärkenden Populismus.

Besonders interessant finde ich die Methoden, die Reimoser und seine Kollegen von der österreichischen Grundlagenforschung zur objektiven Erfolgskontrolle empfehlen: »Wildbeobachtbarkeit, Jagdzeitaufwand, Sozialstruktur des Wildes, Fährtenzählung, Jungwuchs- und Verbissanalyse«. Man beachte die Reihenfolge. Das hält der Ökologe den Jagdscheininhabern mit Schädlingsbekämpfungsmission vor die Nase, die nach der Parole »Der Wald zeigt, ob die Jagd stimmt« drauflosballern. Bei ihm zeigen im erster Linie gesunde Rehe, ob die Jäger und die Waldbesitzer alles richtig machen.

WAS KANN MAN TUN,
UM VERBISS ZU VERMEIDEN?

Habe ich die Geschichte von meinem Jagdauto schon erzählt? Es ist ein alter Geländewagen japanischer Provenienz, in diesem Auto stinkt es. Nach Schafwolle. Aber dieses Auto darf stinken, ich benutze es nur zur Jagd. Vorher fuhr ich einen Kleinwagen, Opel Corsa, den ich verkaufte, nachdem mich an einem Mittwoch im September mein Jägerfreund Max anrief und ich ein Horrorerlebnis hatte.

Max: »Bei mir im Revier ist ein Reh totgefahren worden. Ich bin in Essen.«

Ich: »Guten Appetit.«

»Nein, in Essen. Stadt im Ruhrgebiet.«

»Und das Reh?«

»Bei mir im Revier. Von Nockelham nach Pfrittering, 50 Meter vor dem Tempo-70-Schild.«

»Aha.«

»Kannst du es holen?«

»Klar.«

»Bringst es auf den Friedhof der Kuscheltiere.«

»Gut.«

Der Friedhof der Kuscheltiere ist bei Max die Stelle im Revier, die er in solchen Fällen aufsucht. Er legt die Kadaver ab, und am nächsten Morgen sind sie von dankbaren Dachsen und Füchsen verspeist. Ich fuhr also mit meinem Kleinwagen zur Straße zwischen Nockelham nach Pfrittering, und 50 Meter vor dem Tempo-70-Schild lag rechts neben der Straße ein totes Reh. Ich stellte mein Auto ab und nahm die Wanne, die ich auf den Beifahrersitz gestellt hatte, weil der Rest des Wagens mit Getränkekisten und Kindersitzen voll war. Das tote Reh stank zehn Meter gegen den Wind nach Verwesung. Ich ging zurück zum

Auto und holte alte Zeitungen, um die Wanne auszulegen, und Handschuhe. Dann legte ich das Reh in die Wanne, trug es zum Auto und platzierte die Wanne wieder auf dem Beifahrersitz. Bevor ich die Autotüren schloss, kurbelte ich alle Seitenfenster herunter. Ich fuhr los und bemühte mich, so wenig wie möglich zu atmen. Zum Friedhof der Kuscheltiere waren es ungefähr zwei Kilometer. Aber davon anderthalb Kilometer Schotterweg. Es stank. Erbärmlich!

Ich sehe mittelmäßig, höre einigermaßen passabel, aber mein Geruchssinn ist miserabel. Zum Glück. Ich dachte an meine Frau, sie wäre schon gestorben, die olfaktorische Überforderung mit dem wohl seit zwei Tagen bei Sonnenschein und 25 Grad Tagestemperatur verwesenden ein Jahr alten Reh hätte ihr den sicheren Tod gebracht. Ich litt und lenkte mich ab, indem ich mich auf die Schlaglöcher des Schotterweges konzentrierte. Aber allen konnte ich nicht ausweichen. Beim fünften Schlagloch öffnete sich die Decke (das Fell am Bauch) des Rehs, und Gescheide (Darm) quoll hervor. Mit jedem Meter, nein Zentimeter auf dem Feldweg wuchs die Gefahr, dass das gärende Gescheide platzte. Das Auto war erst acht Monate alt. Ein Geländewagen, egal welcher, mit Anhängerkupplung, um einen Heckträger zu befestigen, hätte mich vor diesem Problem bewahrt. Jetzt kam der Friedhof der Kuscheltiere näher und näher, das Gescheide quoll immer weiter heraus, es war jetzt schon kinderfaustgroß. Da passierte es, ich beschloss in diesem Moment, den Kleinwagen abzustoßen und ein Jagdauto zu kaufen. Ich hatte noch mal Glück gehabt. Eine Minute später legte ich das tote Reh auf den Friedhof der Kuscheltiere, und ein Schwarm Fliegen gab ihm und mir das Geleit, und eine Woche später holte ich im Allgäu das Jagdauto, das jetzt nach Schafwolle stinkt. Ich kenne nämlich einen sehr liebevollen Schafzüchter, Josef Winkler, der mich immer mit stinkender, ungewaschener, schafschweißiger

Wolle versorgt. Diese Wolle habe ich immer dabei, wenn ich in den Wald gehe. Ich wickle damit die Triebe von jungen Bäumen ein, damit Rehe sie nicht anknabbern. Waldbauern nennen das Einzelschutz. Die Methode hat sich bewährt.

Demnächst will ich Schafwollbaumschutzkurse für Kinder und Jugendliche anbieten. Ich habe mich beim Landesbund für Vogelschutz beworben. Kann ja nicht schaden, wenn junge Menschen beim Waldumbau mithelfen und verhindern, dass künftig noch mehr Rehe geschossen werden müssen. Ich finde es großartig, wenn sich Menschen für unsere noch verbliebenen Amphibien einsetzen und Kröten beim Wandern helfen! Ich fände es aber auch großartig, wenn sich Naturfreunde auch hin und wieder mit einem Büschel Schafwolle über junge Lärchen, Tannen und Laubbäume beugen würden. Der Waldumbau, der nach fortwährenden Fehlentscheidungen der Forstökonomie nötig wurde, bekäme den gewünschten Schub, ohne dass noch mehr Rehe und Hasen (die ja gern Laubbäume anknabbern) ihr Leben dafür hergeben müssen. Dass Jagdverbände noch nicht auf diese Idee gekommen sind, kann ich leicht mit ihrer Schlafmützigkeit erklären. Dass Naturschutzverbände Bäume eher durch Gewehrkugeln als durch Schafwolle schützen wollen, halte ich für einen Skandal. Viel verbissener als manche Jungtanne sind leider die Rehgegner.

Schon vor hundert Jahren beschrieb Ferdinand von Raesfeld seitenweise en detail, wie sich Kulturen und Naturverjüngung leicht vor den Rehen schützen lassen. Dabei zweifelte er keineswegs die Bedeutung der Jagd an. »Überhegte Rehbestände« seien weder dem Wild selbst förderlich noch mit den Anforderungen der Land- und Forstwirtschaft vereinbar. Raesfeld ist für mich ein Wald-Weiser. Er meidet Pauschalaussagen, stellt aber schonungslos Försterkollegen als Philister bloß, die mit der Strichliste durch die Plantagen wandern und Pflänzchen zählen. Nicht weniger als 14 Seiten hat Raesfeld mit Appellen und möglichen Schutzmaßnahmen vollgeschrieben.

Dabei sei die Forstökonomie doch »eine Wirtschaft in großen Zügen, deren Erfolg sowohl was den Geldertrag als was den Waldzustand betrifft, niemals von Kleinigkeiten abhängen kann«. Würde ich einen Naturschutz-, Umwelt- oder Jagdverband leiten, hätte ich längst einen Ferdinand-von-Raesfeld-Preis ausgelobt. Wäre ich für den Lehrplan der Forstlehre verantwortlich, würde ich dieses Buch zur Pflichtlektüre machen. Die einzelnen Mischungen aus Petroleum, Kalk und Kuhdung könnte man heute vielleicht nicht mehr so einfach auf den Markt bringen, aber die ökologische Grundhaltung ist vorbildlich. Mit den einzelnen Mittelchen, die er empfahl, wollte Raesfeld keineswegs Rehe vergiften oder sie von potenziellen Äsungsflächen fernhalten. Ihm ging es um Einzelschutz.

Von alten Bauern weiß ich, dass es selbstverständlich war, ein- bis zweimal im Jahr einen Vormittag lang familienweise mit einer Wanne voll Verbissschutzmittel in den Wald zu gehen und dieses Mittel auf den Leittrieben oder Gipfelknospen jener jungen Bäume aufzutragen, die man erhalten wollte. Es war eine Mischung aus Kalk und Kuhdung. Aber es war definitiv mehr Kalk im Spiel als Kuhexkremente, denn die Mischung war weiß.

Wäre ich ein Reh, würde mir dieses Kalk-Kuhmist-Gemisch den Biss in eine Knospe ebenso verleiden wie Schafwolle. Ich mag ja nicht mal als Mensch Haare im Essen, wie widerlich muss Schafwolle dann erst für Konzentratselektierer sein?

Wobei mir Hans-Peter, mein zuverlässigster Berater in Fragen der Waldgestaltung, ein neues, noch wirkungsvolleres Mittel zeigte. Hans-Peter ist Bauer, Waldbauer und Jäger. Er hat in seinem Wald, den er weitgehend als Fichtenmonokultur gerbt hatte, verschiedenste Laubbäume gepflanzt. Seit Jahrzehnten verwendete er den gleichen Zaun. Wenn die Bäume auf den Flächen groß genug waren, baute er den Zaun ab und an anderer Stelle wieder auf. Der Aufwand ist überschaubar. Nun aber verwendet er ein österreichisches Präparat: eine weiße Paste, die sich sehr leicht mit Handschuhen auf den gepflanzten Junglaubbäumen aufbringen lässt. Damit behandelt er im März vor der Fegezeit der Böcke und im September kurz vor der Maisernte jeweils einen halben Vormittag lang seine Kultur – und jegliche Verbiss- oder Fegeschäden bleiben aus. Hans-Peter schafft in einer Stunde bis zu 300 Pflanzen. Die Wirkung des Mittels basiert auf Schaffettkonzentrat, zwei bis vier Kilogramm davon reichen für 1000 Bäume, ein Zehn-Liter-Kanister kostet 120 Euro und damit etwas mehr als eine Packung bleifreie Büchsenmunition mit 20 Patronen. Nach drei Jahren sind die Ahornbäumchen aus dem Äser gewachsen, wie man in der Waldbauern- und Jägersprache sagt, wenn die Bäume so hoch sind, dass Rehe ihre Leittriebe oder Gipfelknospen nicht mehr erreichen. Junge Eichen brauchen ungefähr doppelt so lang. Müsste er stattdessen ansitzen und jedes Reh erschießen, das sich an der Kultur vergeht, hätte er locker den zwanzigfachen zeitlichen Aufwand – und dann aber immer noch keine Garantie, dass nicht nachts doch irgendwann einmal ein Reh des Weges kommt und herzhaft zubeißt.

Dass Kulturen geschützt werden müssen und dass sich der Aufwand rechnet, leuchtet auch manchem Förster ein. Ein Forstbeamter aus meiner ursprünglichen Heimat, der sich demnächst in den Ruhestand verabschiedet, schickt als persönlichen Service für die von ihm betreuten Waldbauern Monat für Monat *Forstliche Arbeitskalender* herum. Jedes Jahr im Februar erinnert er die Bauern zum Beispiel daran, dass sie »Verbiss- und Fegeprobleme dem Jäger mitteilen« und ihre Wildschutzzäune kontrollieren. Außerdem empfiehlt er: »Ab Mitte Februar steigt der Verbissdruck an, deshalb unter Umständen Weißtannen und Laubholz mit ungewaschener Schafwolle schützen.« Was ich damit sagen will? Dass es auch Förster gibt, die beim Thema Rehe nicht automatisch und vorwiegend Abschuss fordern. Allerdings bekommt der Förster mit dem Arbeitskalender immer wieder Ärger mit seinen Vorgesetzten. Als er das Buch *Verbiss-Schäden* von Erwin Engeßer empfahl, musste er beim Chef antanzen und sich rechtfertigen, was ihm einfalle, Werbung für ein solches Pamphlet zu machen. Engeßer leitete in Niederbayern 14 Jahre lang den Forstbetrieb Kelheim der Bayerischen Staatsforsten. Im Jahr 2015 wagte er es, seine Erfahrungen mit den Rehen im Wald in einem Buch zu veröffentlichen. Und prompt schrieb er, was unter Förstern tabu war, es hätte jedenfalls niemals ausgesprochen werden dürfen: dass sich die Probleme mit dem Verbiss »nicht allein durch Schießen lösen« und dass Einzelschutz immer wichtiger werde. So viel Ehrlichkeit und Offenheit schadet, denn es konterkariert das Narrativ von den überhöhten Rehwildbeständen, die angepasst werden müssen. Der Unterförster aus meiner Heimat hat die Lektüre von Engeßers Buch seitdem nur noch unter der Hand empfohlen. Ich finde das Buch höchst spannend – und vor allem lehrreich. Engeßer straft sogar seine Försterkollegen im Forstministerium Lügen, die ihren Ministern seit Jahren in die Reden schreiben, dass sie kein Plastik im Wald wollen. Plastik im Wald? Damit sind die Verbiss-Manschetten gemeint, mit denen Leittriebe von Tannen gegen naschhafte Rehe geschützt werden. Aber zum einen gibt es diese Manschetten längst aus einem Material, das sich im Lauf der Jahre auflöst. Zum anderen verschweigen die Rehfeinde im Forstministerium, dass es auch mit Schafwolle und noch leichter mit einer Paste aus Schaffettkonzentrat geht. Wie nennt man noch mal die Einstellung, wonach nicht sein kann, was nicht sein darf? Ach ja, Ideologie.

In Baden-Württemberg agiert die behördliche Forstökonomie seit einigen Jahren wesentlich offener bei der Aufklärung von

Waldbesitzerinnen und Waldbesitzern. Sie praktizieren genau das, was ich mir in meinem neuen Job als Heimatpfleger zum Leitmotiv meiner Arbeit gemacht habe. Katholische Geistliche wählen ja immer einen Primizspruch, der sie dann durch ihr Priesterleben begleiten soll. Ich wählte als Heimatpfleger eine Devise, die ich aus meiner Kindheit im Berchtesgadener Land kannte: Mi'm Reen keman d'Leit zamm (wörtlich übersetzt: Mit dem Reden kommen die Leute zusammen; sinngemäß übersetzt: Kommunikation ist alles). Der Baden-Württemberger Landwirtschaftsminister Peter Hauk, ein Politiker, der die in vielen anderen Bundesländern propagierte Losung »Wald vor Wild« für völlig aus der Zeit gefallen hält, dieser Forst- und Jagdminister brachte Förster und Jäger an einen Tisch und verdonnerte oder animierte sie dazu, einen gemeinsamen Praxis-Ratgeber mit dem Titel *Waldumbau und Jagd* zu erarbeiten und dann zu publizieren. Natürlich geht es auch hier beim angesprochenen Wild vornehmlich um Rehe. Und selbstverständlich misst das 90 Seiten umfassende Geheft der Jagd auf diese Tierart eine hohe Bedeutung beim Waldumbau bei. Aber es nimmt auch die Waldbesitzer in die Pflicht. Und die Landwirte. Und die Spaziergänger und Wanderer. Die Erholungssuchenden sollen Rücksicht nehmen und auf den Wegen bleiben, um Rehe nicht zu stören und damit zu stressen. Landwirte können die Rehe durch Äsungsflächen aus dem Wald fernhalten. Und Waldbesitzer müssen durch klugen Waldbau die Risiken minimieren, dass Rehe sich für ihre Pflanzen interessieren – das Waldbau-Kapitel ist auch das umfangreichste in dieser Broschüre, was wiederum die Bedeutung von Auflichtungen, Baumartenwahl und Verbissschutz untermauert. Die Autorinnen und Autoren weisen darauf hin, dass »Schutzmaßnahmen manchmal unumgänglich« seien. Sie listen dann Möglichkeiten auf, die sich schon bei Raesfeld finden. Nicht einmal Wildschutzzäune lehnen sie kategorisch ab. Die Kosten dafür setzen sie bei 4000 Euro pro Hektar an. Dieser Betrag klingt wesentlich realistischer als Hochrechnungen mit bis zu viermal so hohen Werten, die beispielsweise der Ökologische Jagdverein in Nordrhein-Westfalen in die Welt setzt.

Die Kommunikation zwischen Waldbauern und Jägern soll dazu dienen, möglichst viele Rehe von sensiblen Flächen fernzuhalten. Weil die Jäger erst einmal Informationen über die einzelnen Flächen und über die dort angepeilten Waldziele brauchen, kommen die Waldbesitzer um eine Kommunikation mit ihnen nicht herum. Man kann dann gemeinsam Ruhebereiche für Wildtiere festlegen und Schwerpunktflächen für die Bejagung bestimmen. Egal, wo und wie viele Rehe dann sterben müssen: Verbissschutz wird Waldbesitzern je weniger erspart bleiben, desto ambitionierter sie den Wald durch Neupflanzungen verändern wollen. Denn dass Jungbäume aus der Baumschule wegen ihres ungewöhnlich hohen Nährstoffgehalts den Konzentratselektierer Reh stärker anziehen als die übrige Vegetation, das müssten Waldbäuerinnen und Waldbauern eigentlich im Einmaleins des Forstwesens gelernt haben.

Jahr für Jahr mehr und mehr Rehe zu töten ist jedenfalls keine Lösung. Sagt auch Josef H. Reichholf. In seiner Rolle als Grundlagenwissenschaftler betreibt er seine Forschung im Gegensatz zu Förstern ohne Zielvorgaben. Ich würde Reichholf deshalb in der ewigen Auseinandersetzung zwischen Rehfreunden und Rehhassern als neutrale Instanz bezeichnen. In *Waldnatur* schreibt er: »Mit einer weiteren Steigerung der Bejagung lässt sich das Problem nicht lösen. Was in fünfzig Jahren nicht funktioniert hat – trotz steigender Abschusszahlen –, wird auch mit der neuen jagdlichen Verpflichtung nicht zu lösen sein.« Das Reh sei seiner Natur nach kein eigentliches Waldtier. Aber die Art der Bejagung habe es so scheu gemacht, dass es gezwungen sei, Zuflucht im Wald zu suchen. »Je mehr gejagt wird, desto mehr wird diese Scheu gefördert. Die scheuesten Tiere überleben und bleiben in den Wald hineingedrängt – und gezwungen, sich von dem zu ernähren, was dort wächst.« Reichholf erinnert sich, dass in seiner Kindheit und Jugend die Rehe draußen auf den Wiesen standen. Vom Herbst an sah man Sprünge mit bis zu 70 Tieren.

Durch die heftige Bejagung reproduziere sich der Rehbestand viel stärker. Das hat auch Friedrich Reimoser festgestellt: Der hohe Abschuss habe die Bestände nicht stabilisiert, sondern allenfalls die natürliche Mortalität vermindert und den Zuwachs angekurbelt. Es sei belegt, dass beim Reh arteigene Regulationsmechanismen bestehen. Sie lassen die Population immer bis zur Tragfähigkeitsgrenze eines Biotops heranwachsen, die meist über der wirtschaftlichen Tragbarkeitsgrenze liegt. »Steigt der Abschuss weiter, dann steigen Zuwachsrate und Gesamtzuwachs an, weil infolge der vorübergehend verminderten Wilddichte die dadurch körperlich stärkeren und durch Artgenossen weniger gestressten Tiere mehr Kitze setzen«, so Reimoser.

Ökologen wie er und Zoologen wie Reichholf fordern ein Umdenken. Die starke Bejagung habe in eine Sackgasse geführt, »aus der man nicht herauskommt, wenn noch tiefer hineingefahren wird. Im Gegenteil«, sagt Josef Reichholf. »Der Verbiss steigt weiter, bis die Rehe fast ausgerottet sind, weil die ihnen aufgezwungene Scheu verhindert, dass sie ihrer Natur gemäß weitgehend im Freien leben. Dürften sie dies, käme das nicht nur der Naturverjüngung im Wald ganz von selbst zugute, sondern die Häufigkeit der Wildunfälle würde abnehmen. Rehe, die nicht bei Nacht und Nebel über Straßen müssen, geraten auch nicht unter die Räder. Sie können lernen, sich auf den Straßenverkehr einzustellen.«

Ich frage mich seit Langem, warum die Stimmen von Wissenschaftlern wie Reimoser und Reichholf in der Diskussion um Rehe untergehen. Reichholf attackiert Förster und nimmt Rehe in Schutz. »Die seit Jahren so intensive Bewirtschaftung des Staatsforstes fördert die Massenausbreitung der Drüsigen Springkräuter, die ein Aufwachsen von Naturverjüngung der gewünschten Waldbäume verhindern. Die Rehe sind daran gewiss nicht schuld. Und auch nicht daran, dass früher Fichten großflächig gepflanzt worden waren, wo von Natur aus Buchen vorkommen würden oder Laubmischwald. Die Fehler der Forstwirtschaft sind den Rehen nicht anzulasten. Auch nicht der Gesellschaft, die dafür wieder einmal zahlen soll. Die Menschen, viele Menschen, würden bei uns gern auch mal Rehe erleben, die nicht in wilder Panik davonstürmen oder nachts eine gefährliche Vollbremsung auslösen.«

Wenn die Förster einsähen, dass ein Wald kein Maisfeld ist, und wenn sie das auch den Waldbauern vermitteln würden, hätten die Rehe bedeutend weniger Jagdstress. Josef Reichholf sagte der Zeitschrift *Geo*, es sei »absurd anzunehmen, dass jedes gepflanzte Bäumchen überlebt. Der natürliche Zustand ist, dass auf 100 000 Sämlinge einer überlebt. In Reih und Glied Bäumchen zu pflanzen und anzunehmen, dass alle durchkommen, das ist Gärtnermentalität, fern der ökologischen Realität. Und wenn, wie in Bayern, das ganze Jahr über intensive Holzernte betrieben wird, erzeugt das weitere Störungen. Und es gibt umso mehr Verbiss.«

6

WARUM ICH REHE MAG,
WARUM ICH SIE TÖTE
UND WAS ICH DABEI FÜHLE

Wenn Rehe weiche Pfoten hätten statt gepaarten Hufen, dann lägen vor den Kachelöfen schon längst Rehe, wo sich jetzt Katzen und Hunde rekeln. Die Menschen hätten bereits in Urzeiten angefangen, sich dieses sagenhafte Tier zum, wie man heute sagt, Kuscheln und Knuddeln zu eigen zu machen. Rehe sind – abgesehen von den Schwärmen an Rabenkrähen – die letzten Wildtiere, die wir bei unseren Fahrten übers Land manchmal sehen können. Hasen sind eine Seltenheit geworden, alle anderen Tiere kennen unsere urbanisiert aufgewachsenen Kinder allenfalls aus dem Tierfilm. Wo ihre Bestände noch nicht vollends in Verstecke verjagt oder zusammengeschossen sind, lassen sich Rehe jedoch noch in freier Wildbahn sehen.

Kurz bevor ich dieses Buch fertiggeschrieben habe, war ich zu Hause in meiner alten Heimat. Als Vertreter meiner Mutter, die land- und forstwirtschaftliche Flächen und somit das Jagdrecht besitzt, durfte ich an einer Jagdversammlung teilnehmen, in der über die Jagd in den nächsten neun Jahren entschieden wurde. Christian, der in Würde ergraute Jäger, stand auf. Er sagte, was er früher gesehen hatte, als er Jäger wurde, und was er heute sieht, da er aufhört. Wo einst vier, fünf, sechs Dutzend Rehe auf der Wiese ästen, tritt heute kein einziges mehr aus dem Wald. Da mögen Biologen und Förster sagen, es gebe so viele Rehe wie nie zuvor in Deutschland, für diese Gegend gilt das nicht mehr. Die Rehe, die noch da sind, bleiben sicherheitshalber im Wald. Und weil es keine Fasane mehr gibt und keine Hasen, braucht es auch keine Treibjagden mehr. »Ich müsste dumm sein«, sagte Christian, »wenn ich den Jagdpachtvertrag noch mal verlängern würde.« Er dankte in die Runde und setzte sich wieder hin. Unter den anwesenden Landwirten waren viele junge, kaum 30 Jahre alt. Sie konnten sich nicht ansatzweise vorstellen, was der alte Jäger da erzählt hatte. Feldhasen, dutzendweise Rehe vor dem Wald – der Mann muss in einer anderen Welt gelebt haben.

Ich bin in dieser Welt aufgewachsen. Kaum hundert Kilometer von meiner Heimat entfernt, im tertiären Hügelland Niederbayerns, liegt der heilige Berg von Franz. Die Anhöhe, die Franz von seinem Haus aus sieht. Im Winter stehen hier bis zu 30 Rehe. Wenn ich auf den heiligen Berg hinüberschaue und mit dem Fernglas Rehe beobachte, ist es wie damals, als ich mit Schulze, dem Sommerfrischler, vom Bubenberg hinunterschaute. Bei Franz ist die Welt noch in Ordnung. Die Jagdgenossen, die Bauern dieser Gegend, bauen seit jeher selbstverständlich Zäune, wenn sie flächenweise Bäume in den Wald pflanzen. Und wo sie in ihre Monokulturen Laubbäume einbringen wollen, da umgeben sie die jungen Laubbäume mit Schutzhüllen. Sie lassen sich von einem ökologischen Jäger, der angeblich an einer Stelle innerhalb von fünf Minuten sechs Rehe erlegt, nichts vormachen. Bisher.

Bei Franz konnte ich jagen, wie ich es gelernt hatte, wie ich es anständig finde und wie ich nicht nur in den Richtlinien zur Schalenwildhege in Bayern lese, die ich in Ehren halte, sondern auch im Kommentar zum Tierschutzgesetz, der mir noch viel wichtiger ist. »Eine zielführende Schalenwildhege erfordert eine der natürlichen Auslese nahe kommende Bejagung. Die Bejagung muss daher auf die Erhaltung oder Herstellung einer natürlichen Altersstruktur beim männlichen und weiblichen Wild sowie eines richtigen Geschlechtsverhältnisses gerichtet sein. Eine artgemäße Gliederung der Wildbestände nach Alter und Geschlecht ist für das Wohlbefinden und die Gesundheit des Wildes von wesentlicher Bedeutung und trägt zur Verminderung von Wildschäden bei. Den natürlichen Auslesevorgängen hat sich die Regulierung der Wildbestände anzupassen.«

Wenn es technisch möglich wäre, würde ich nur noch Jagdgewehre bauen lassen, die erst dann schießbereit sind, wenn die Jägerin oder der Jäger genau diese Passage aus den Jagdrichtlinien zweimal hintereinander fehlerfrei aufgesagt hat.

Und am besten auch noch den Kommentar von Hirt/Maisack/Moritz zum Tierschutzgesetz, der sich ausführlich »Zum ›Wie‹ des Jagens« äußert und genau das erläutert, was Forstleute infamerweise als Nazi-Erfindung und altmodisch abtun: die »allgemein anerkannten Grundsätze deutscher Weidgerechtigkeit«. Abgestellt werde hier auf »die sorgfältigen Jäger, die der Gesetzgeber bei der Übertragung der jagdlichen Aufgaben vernünftigerweise im Sinn hatte«. Dieser Kommentar findet nichts Verwerfliches an dieser Formulierung. »Die Grundsätze der Weidgerechtigkeit richten sich weniger nach Herkommen und tatsächlicher Verbreitung als vielmehr nach dem sittlichen Gehalt des Jagdrechts und nach der Natur- und Tierschutzfunktion, die die Jagd heute hat. Sie müssen auch den Fortschritten des Rechts zum Schutze von Natur und Kreatur und damit der ›Gedankenwelt des ethischen Tierschutzes‹ entsprechen.« Das Weidwerk der heutigen Zeit sei nur zu rechtfertigen, wenn bei der Weidgerechtigkeit Natur- und Tierschutz vorherrschen.

Vor diesem Hintergrund sehen Tierschutzjuristen Bewegungsjagden äußerst kritisch. Und hier kommt im Gesetzeskommentar namentlich das Reh ins Spiel. »Die Möglichkeit, ein hochflüchtiges Reh sicher anzusprechen und tierschutz-/weid-

gerecht zu erlegen, ist so unsicher, dass sich diese Bejagung aufgrund des geltenden Rechts eigentlich automatisch verbietet,
zumal es andere Bejagungsmöglichkeiten gibt. Weidgerecht bedeutet stets das Bemühen um eine schmerzfreie Tötung. Danach kann der Schuss auf schwer zu treffendes Wild keine weid-
gerechte Jagd sein.«

Während meiner Recherchen zu diesem Buch war ich auf
zwei Drückjagden eingeladen. Ich hätte mein erstes Reh erlegen können. Ich wollte es nicht. Ich hörte einige Schüsse. Vor
mir tauchte eine Rehgeiß mit einem Kitz auf. Ich nahm beide
nacheinander ins Visier. Meine Hand zitterte. Mir wäre nicht
im Traum eingefallen, eins der beiden Tiere zu töten. Mir fiel
meine Lektüre ein: Oskar von Riesenthal, das Kapitel über das
Rehwild in seinem *Waidwerk*, das ich jedem Naturfreund empfehlen kann. »Eine Ricke und ihre Kälbchen, die Sorge und Aufopferung, mit der sie die reizenden Geschöpfe bewacht und anleitet, bieten zusammen ein so fesselndes, ans Herz gehendes
Bild, dass nur ein hoher Grad von Rohheit zu deren Schädigung
Hand anlegen mag; die ganze Erscheinung stellt die Tiere selbst
unter den Schutz des Menschen.«

Wie soll, wie kann man Rehe schießen? Jedenfalls nicht auf
einer Drückjagd, wo Hunde durch die Gegend kläffen und die
armen Tiere vor die Schützenstände treiben sollen. Das erste
Reh auf einer Drückjagd zu schießen, dachte ich so vor mich
hin, das ist doch billig, unromantisch – sofern man beim Töten
überhaupt von Romantik sprechen darf.

Es sollte noch viele Monate dauern, bis ich das Gefühl hatte, jetzt wäre der richtige Zeitpunkt gekommen. Öfter standen
Böcke 50 Meter vor mir, ich hatte sie im Fadenkreuz und hätte
nur noch abdrücken müssen. Ich entsicherte die Waffe, machte den Abzug mit dem Stecher scharf, atmete ein, hielt die Luft
an – und sicherte die Waffe wieder und entlud sie. Drei, vier Mal

lief das so. Bock ansprechen, Gewehr entsichern, Abzugstecher scharfstellen, einatmen, zittern, zittern, zittern – sichern und Patrone raus. Und je öfter ich nach solchen Zitterpartien beim Dunkelwerden vom Hochsitz stieg, desto mehr wich die Erleichterung, mit einer unbefleckten Weste nach Hause zu fahren, einer Unzufriedenheit, es wieder nicht getan zu haben. Ich habe eine Kollegin aus dem Jagdkurs, die sehr häufig auf die Jagd geht. Sie hat kein Problem, Rehe aufzubrechen und zu zerwirken, die andere erlegt haben. Aber sie hat noch nie eins selbst erlegt. Ich habe höchste Achtung vor ihr. Und gleichzeitig bin ich überwältigt, dass ich es letztlich doch selbst übers Herz gebracht habe. (Für die Beschreibung habe ich den Thesaurus in meinem Schreibprogramm benutzt, es kam kein passendes Wort.) Es war ein ein Jahr junger Bock.

Als ich ihn aß, war ich zerknirscht und begeistert zugleich. Begeistert, weil ich noch nie ein so großartiges Fleisch gegessen hatte. Zerknirscht, weil ich 48 Jahre alt werden musste, bis ich merkte, wie fein gegrilltes Reh schmeckt.

Die Patronenhülse, eine 6,5 x 57R der Marke RWS, habe ich mir aufgehoben. Die Trophäe auch.

Ja, ich töte Rehe. Ich esse sie, und vorher trage ich ihnen die Kugel an. Wenn sie breit stehen, fahre ich mit dem Gewehrlauf das vordere Bein hoch zum Schulterblatt, dann schwenke ich leicht hinter das Schulterblatt, dann warte ich, bis das Reh sein Haupt hebt, ich atme ein und atme aus, und beim Ausatmen – kann es passieren, dass das Reh ein paar Schritte weiterläuft. Manchmal aber, wenn das Reh stehen bleibt, fällt beim Ausatmen der Schuss. Im Zielfernrohr sehe ich, wie das Tier fällt. Es hat die Kugel nicht gehört. Sie hat den Brustkorb schneller durchschlagen als der Schall zu den Ohren gedrungen ist.

Ein Jagdscheininhaber mit Schädlingsbekämpfungsmission wird in einem solchen Moment das Gefühl erledigter Pflicht empfinden: wieder mal den Wald von einem bösen Bock erlöst. Bei mir schießt Adrenalin durch den Körper, aber das gehört dazu, wenn man das Erlegen eines Tieres als Ziel des Jagens begreift. Denn ich gehe mit meiner Büchse immer noch »auf die Jagd« und nicht »zum Waldumbau«.

Und ich käme mir auch blöd vor, wenn ich meiner Frau sagen würde: »Du Schatz, heute kann ich nicht mitgehen zur Geburtstagsfeier der Nachbarin, heute muss ich durch Abschuss ein hochwertiges Lebensmittel beschaffen.« Jagd sollte Jagd bleiben.

Ob ich das mein Leben lang mache, weiß ich nicht. Ich habe Jäger kennengelernt, die auf ihre alten Tage nicht mehr schießen können. Sie bringen es nicht mehr übers Herz. Mag sein, dass sie mit dem Adrenalin nicht mehr klarkommen. Vielleicht geht es mir schon in der nächsten Jagdsaison auch so. Oder in der übernächsten, wer weiß.

Noch habe ich das Gefühl, das Richtige zu tun. Ich bin mir sicher: Wenn ich schieße, habe ich alles beherzigt, was man beherzigen muss. Ich esse, seit ich Rehe erlege, nicht nur, aber hauptsächlich selbst gejagtes Fleisch und selbst gefangenen Fisch. Die Wurst, die ich für meinen Wurstsalat brauche, der seit meiner Jugend so etwas wie mein Lebenselixier oder doch zumindest mein Hauptnahrungsmittel ist, diese Wurst lasse ich mir von einem Metzger aus Rehfleisch herstellen. Und wenn ich Freunde beschenke, bekommen sie einen Rehrücken. Oder Rehwurst, je nach Anlass. Das passt so für mich, weil es, wo ich auf Rehe ansitzen darf, immer noch möglich und erwünscht ist, gemäß den Richtlinien zur Paarhuferjagd zu jagen.

Auf den Drückjagden des Ökologischen Jagdvereins merkte ich am deutlichsten die Unterschiede zwischen Jagd und Schädlingsbekämpfung. Jagd ist, wenn man einem Geschöpf Respekt zollt, das man erlegt hat. Schädlingsbekämpfung ist, wenn man den toten Körper behandelt wie einen Sandsack.

Jagd ist, wenn mir manchmal die Tränen kommen können wegen der Schönheit eines Rehes, das sein Leben ausgehaucht hat. Jagd heißt: mit Achtung töten. Es ist ein Paradoxon, das ein nicht jagender Mensch niemals verstehen kann, weil man nach menschlichem Ermessen nun mal kaum mit Achtung töten kann. Jagd, also mit Achtung töten, ist eine irrationale Mischung aus Verstand und Herz und Trieb, nämlich dem Trieb, der als Rudiment überdauert hat aus einer grauen Vorzeit, als das Beutemachen zum Überleben notwendig war.

Was in Jagdscheininhabern mit Schädlingsbekämpfungsmission vorgeht, wenn sie auf ein Reh schießen, vermag ich nicht zu sagen. So viel ist aber sicher: Der Tötungsakt ist hier ein völlig unsentimentaler Vorgang. Das tote Tier wird behandelt wie ein Stück Schinken.

Wenn ein Reh liegt, bekommt es den letzten Bissen. Ich schiebe ihm einen Tannen- oder Fichtenzweig in den Äser, wenn eine Eiche oder eine Erle in der Nähe ist, nehme ich auch Laubbäume. Einen weiteren Zweig benetze ich mit dem Schweiß des Tieres und stecke ihn mir an den Hut oder an die Mütze. Und einen dritten Zweig lege ich dem Reh auf die Stelle, an der die Kugel in seinen Körper eingetreten ist. Bei männlichen Rehen zeigt die gebrochene Spitze des Zweiges zum Haupt, bei weiblichen Stücken auf das gewachsene Ende. Es ist der Erlegerbruch. Als Franz mir das beibrachte, habe ich ihn nicht nach den Hintergründen dieser Rituale gefragt. Und soweit ich das überblicke, hat sie noch niemand durchgehend erforscht. Aber ich halte sie am Leben. Ungefähr fünf Minuten harre ich vor dem toten Tier aus, manchmal auch eine Viertelstunde. Dieses Zeitverbringen gehört zu dem Akt, der im Jagdgesetz als Aneignen bezeichnet wird. Wenn ein Schuss geglückt und das Tier verendet ist, bin ich zu aufgewühlt, um weiterzumachen, als wäre eine Maus in die Mausefalle gegangen. Bei Mäusen handelt es sich ebenfalls um Säugetiere, und wer eine Maus zu Tode quält, hat ebenso eine Strafe verdient wie eine Person, die anderen Wirbeltieren Leid zufügt. Trotzdem ist es ein Unterschied, ob ich ein Reh zur Strecke bringe oder eine Maus, die ihren Darm in meiner Speisekammer entleert und Krankheitserreger verbreitet.

Weil ich sehr katholisch erzogen wurde, sind mir Kulthandlungen aus meiner Kindheit vertraut. Ich hinterfrage sie nicht. Sie haben sich über Jahrtausende und Jahrhunderte entwickelt, weil sie den Menschen ein besseres Gefühl gegeben haben. Kann man es Jägern verübeln, wenn ihnen Rituale wie der Letzte Bissen heilig sind und wenn sie mit ihnen ihre Sentimentalitäten, ihre Gefühls-mentalität ausleben?

Alles Quatsch, sagt der Jagdgegner, für den Jäger ältere Herren sind, die sexuelle Defizite oder gar Impotenz mit dem Gewehr kompensieren. Die Waffe substituiert in solchen tiefenpsychologischen Deutungen das Geschlechtsorgan, sie wird zum Phallus, der beim Schuss ejakuliert. Ich kann versichern, dass mir bislang kein Jäger begegnet ist, bei dem solche Zuschreibungen funktionieren würden. Ich weiß zwar nicht, wie diese Männer und Frauen ihre Sexualität ausleben. Aber ich weiß – so viel Küchenpsychologie wage ich mir anzumaßen –, dass sie zu solide im Leben stehen, als dass sie eine Repetierbüchse und eine lebende Zielscheibe für die Pflege einer kranken Psyche benötigen.

Jagdliche Bräuche gehören für mich zu einer Kultur, die dem Mitgeschöpf Tier gerecht wird. Und wer abstreitet, dass es eine Jagdkultur überhaupt geben kann, weil das Töten von Tieren schwerlich eine Kulturhandlung sein kann, dem beweise ich spielend das Gegenteil. Denn dass eine Jagdkultur existiert, die diese Bezeichnung verdient und die man durchaus als immaterielles Erbe wertschätzen darf, ergibt sich einerseits aus der Geschichte: Wenn man sich vor Augen hält, wie bestialisch in früheren Jahrhunderten Wildtiere bei höfischen Jagdevents zu Tode gequält wurden, und wenn man bedenkt, dass früher in Deutschland Rehe mit Schrotpatronen erlegt werden durften, dann ist die Jagd heute auf einem hoch kultivierten Standard angelangt. Den Kultur-Befund mache ich aber auch an der Gegenwart fest. Er ergibt sich aus der Tatsache, dass die Jagd durch die Unkultur der Schädlingsbekämpfung unterwandert wird. Diese Unkultur manifestiert sich im Leugnen jagdlichen Anstands, im Ablehnen einer Weidgerechtigkeit, im Verweigern oder gar im Verachten von Handlungen, die dem Mitgeschöpf Tier Respekt erweisen.

Als Zeitungsjournalist konnte ich viel über Rehe und Wälder recherchieren. Im Sommer 2021 bin ich Heimatpfleger geworden. Ich habe als Geschäftsführer beim Bayerischen Landesverein angefangen, einer Institution, die in Bayern seit 120 Jahren in Belangen der Kultur gefragt ist und sich einbringt. Ob Rehe und Jagd etwas mit der Heimatpflege zu tun haben? Diese Frage können nur Leute verneinen, die Heimatpflege auf Trachtenkleidung, Volksmusik und Baudenkmäler beschränken. Aber bayerische Heimatpflege bedeutet mehr. Sie ist der Einsatz für unsere gewachsene Kultur und für eine maßvolle Weiterentwicklung. Dass es sich bei der Jagd ebenso wie bei der Fischerei um ein Kulturgut handelt, was auch so im Gesetz steht, wird gern vergessen, vor allem von Lobbygruppen, die sie zur Schädlingsbekämpfung herabstufen wollen und in Rehen lediglich Hindernisse ihres Profitstrebens sehen.

Es gehört zu den Errungenschaften der Kultur, dass der Mensch mehr und mehr Respekt vor den Tieren entwickelt hat. Dieser Respekt schlägt sich in Jagdgesetzen nieder und kommt durch Begriffe wie Waidgerechtigkeit zum Ausdruck. Diese Prinzipien zu hüten gehört zu meinen Anliegen als Heimatpfleger.

Wir erleben eine Zeit, in der Tierschutz immer mehr Bedeutung bekommt. Wirbeltiere werden inzwischen als unsere Mitgeschöpfe wahrgenommen, so steht es im Tierschutzgesetz, und in unserer Verfassung ist der Tierschutz seit fast 20 Jahren als Staatsziel verankert. In der Viehwirtschaft und in der privaten Tierhaltung ebenso wie im Zirkus werden die Regeln zugunsten des Tierwohls strenger und strenger. Ein Mann aus meiner Heimatgemeinde musste sich im Mai 2022 vor Gericht verantworten, weil er eine seiner Katzen getötet hatte. Die Katze litt unter einer Augenkrankheit, und das Veterinäramt forderte den Mann auf, die Katze tierärztlich behandeln zu lassen. Ein operativer Eingriff hätte laut einer Veterinäroberrätin 200 bis 300 Euro inklusive Narkose und weiterer Versorgung gekostet, wobei der Katze ein Augapfel entfernt worden wäre. Höchstwahrscheinlich hätte die Katze dann laut Gutachten ohne größere Schmerzen und Leiden weiterleben können. Der Katzenbesitzer wollte sich aber das Geld für die Operation sparen und tötete die Katze. Er setzte ihr ein Bolzenschussgerät auf den Hinterkopf und drückte ab. Die tote Katze wurde dann von der Polizei abgeholt und obduziert. Die Sektion des toten Tieres dauerte eine Stunde und 17 Minuten, all das geht aus den Gerichtsakten hervor. Der Mann aus meiner Heimatgemeinde erhielt einen Strafbefehl, weil er ohne vernünftigen Grund ein Tier getötet hatte. Er legte Einspruch ein, es kam zu einer Gerichtsverhandlung. Als Angeklagter legte er ein umfangreiches Geständnis ab. Am Ende wurde er zu einer Geldstrafe von 200 Tagessätzen à 25 Euro verurteilt. 200 Tagessätze – das ist wesentlich mehr, als viele andere verurteilte Straftäter bekommen haben, die bei Schlägereien anderen Personen blutende Wunden im Gesicht zufügten. Warum ich diese Geschichte erzähle? Weil ich damit belegen will, wie ernst unsere Gesellschaft die Grundrechte der Tiere nimmt. Aller Tiere? Leider nicht! Während die Lebensbedingungen von Milchkühen verbessert und die Lebensrechte von Küken gestärkt werden, hat in den Wäldern ein gnadenloser

Kampf gegen wiederkäuende Paarhufer begonnen – vor allem gegen Rehe. Seltsam und auch traurig ist es, dass hehre Maßgaben im Umgang mit Rehen immer öfter in den Wind geschlagen werden.

»Wie Sie die Rehe schießen, spielt keine Rolle. Hauptsache, Sie schießen.« Diese Ansage eines Jagdleiters, der in einem bayerischen Staatswald Drückjagden organisierte, haben im Gespräch mit mir verschiedene Teilnehmer bezeugt. Eine solche Einstellung macht mich fassungslos. Hier kommen Verachtung und Hass zum Ausdruck. Leider hat diese Einstellung um sich gegriffen. Selbstverständlich gibt es in den Augen vieler Landwirte immer gleich zu viele Rehe, wenn zwei Geißen mit ihren Kitzen am Waldrand äsen. Und wenn es eine Mähsaison mit erfolgreichen Kitzrettungen gab, wird gleich die Forderung nach einer Verdoppelung der Abschusszahlen erhoben. Waldbesitzer treten offen mit der Äußerung auf: »Verbissschäden sind ein Eigentumsdelikt gegenüber uns Waldbesitzern.« Was soll man dazu noch sagen?

Es steht selbstverständlich außer Frage, dass Jäger eine Mitverantwortung für eine natürliche Verjüngung des Waldes tragen. Aber die gleiche oder sogar noch eine größere Verantwortung haben sie gegenüber den Wildtieren. Sollte es mir eines Tages zu dumm werden mit dem Reh-Bashing, werde ich die Jagd ruhen lassen und mich einer Wildwacht anschließen.

Förster, die das Motto »Egal wie, Hauptsache, ihr schießt« propagieren, haben das schon lange vergessen. Oder nie gelernt. Als Heimatpfleger wird mir bei einer solchen Entwicklung angst und bang um die Wildtiere. Und um das Kulturgut Jagd. »Was können wir Jäger tun, damit die Schädlingsbekämpfer nicht die Oberhand bekommen?«, hat mich ein Jagdfunktionär gefragt. Ich antwortete: »Weisen Sie doch einfach auf die Unkultur hin. Und so absurd es klingen mag: Sie werden Partner bekommen, mit denen Jäger früher nie gerechnet hätten: die Tierschützer.«

In Garmisch-Partenkirchen habe ich mit Tessy Lödermann eine Tierschützerin kennengelernt, die diese Allianz mit Jägern längst praktiziert. Sie hat mit Wildtierfreunden eine sogenannte Wildwacht gegründet, die Tag und Nacht durch die Wälder streift und bei Auffälligkeiten die Polizei ruft. Sie haben Jäger vom Hochstand holen lassen, die auf Einladung von Staatsförstern nachts mit Nachtzielgeräten auf Rehe ansaßen, sie haben einen jungen Förster angezeigt, der bei einem winterlichen Rendezvous im Wald plötzlich den Rucksack herunternahm, ein mehrteiliges Gewehr herausholte, es zusammenbaute und damit eine Gams erlegte, um die junge Frau zu beeindrucken, mit der er sich zum Spazierengehen getroffen hatte. Die Garmischer Tierschützerin sagt, ihre Vorfahren hätten über Generationen hinweg gejagt. Wenn sie jetzt ein Tierheim betreibe, dort bis zu 300 Wildtiere pro Jahr versorge und verwaiste Kitze aufziehe und wenn sie mit Jägern gegen wildfeindliche Förster einschreite, dann mache sie im Gesamtfamilienkarma, wenn es so etwas gibt, vielleicht einige der Tieropfer ihrer Ahnen wett.

Die Tierschützerin Tessy Lödermann bringt mit einer Frage auf den Punkt, was mich umtreibt, seit ich mit Rehen zu tun habe: »Warum«, fragt sie, »weigert man sich so vehement, sein Eigentum, zum Beispiel die Tanne, mit Einzelschutzmaßnahmen zu schützen, wenn die gleichen Verbände vehement von den Landwirten Tausende von Kilometern Wolfschutzzäune fordern, was bei uns im Gebirge unmöglich ist? Warum klammert man die vielen Studien und Praxisbeispiele aus, die belegen, dass hoher Jagddruck, falsche jagdliche Methoden und fehlende Wildlebensraumgestaltung erheblichen Anteil an Verbiss- und Schälschäden haben?«

Ich fragte sie: »Was halten Sie davon, wenn Ihnen ein Jäger sagt: Ich töte Rehe mit Liebe?«

Sie überlegte, zog an ihrer Zigarette und antwortete: »Klingt seltsam. Leider gibt es immer mehr Erleger, die Rehe hassen. Viele Förster knallen Rehe aus Verachtung oder Hass ab, mit dem sie an der Hochschule infiziert wurden. Wenn schon, dann schießen Sie wohl eher mit Achtung. Also: Erlegen Sie sie mit Achtung, das reicht schon!«

Als beim nächsten Mal mein Nachbar Andreas auf der Terrasse saß und ich ihm eine Scheibe von der Oberkeule eines Rehs vom Grill auf den Teller legte, sagte ich: »Mit Achtung geschossen.«

»Mhm«, sagte Andreas und zerdrückte das zarte Fleisch zwischen Zunge und Gaumen. »Schmeckt man.«

REHBÜCHER – EINE AUSWAHL

Albrecht von Bayern, Jenke von Bayern: *Über Rehe in einem steirischen Gebirgsrevier*, München, Bern, Wien 1977.

Bund für Umwelt und Naturschutz Deutschland. Landesverband Nordrhein-Westfalen (Hg.): *Wald und Huftiere, Artenschutz und Karnivore. Zum vermeintlichen »Wald-Wild-Konflikt« und der Idee, wilde Tiere zu managen*, Düsseldorf 2021.

Hans Carl von Carlowitz: *Sylvicultura oeconomica oder Haußwirthliche Nachricht und Naturmäßige Anweisung zur Wilden Baum-Zucht*, München 2022 [Nachdruck].

Karl Emil Diezel: *Erfahrungen aus dem Gebiete der Niederjagd*, Stuttgart 1907 [Nachdruck].

Heinrich Wilhelm Döbel: *Jäger-Practica oder Der wohlgeübte und erfahrne Jäger. Eine vollständige Anweisung zur ganzen Hohen und Niedern Jagd-Wissenschaft*, Wanne-Eickel 1964 [Reprint].

Erwin Engeßer: *Verbiss-Schäden. Praxistipps für das Rehwildrevier*, München 2015.

Forstliche Versuchs- und Forschungsanstalt Baden-Württemberg (Hg.): *Praxis-Ratgeber Waldumbau und Jagd. Grundlagen für einen konstruktiven Dialog*, Freiburg im Breisgau 2021.

Sven Herzog: *Wildtiermanagement. Grundlagen und Praxis*, Wiebelsheim 2019.

Bruno Hespeler: *Rehe in Europa. Biologie und Jagd*, Wien 2016.

Almuth Hirth, Christoph Maisack, Johanna Moritz: *Tierschutzgesetz. Kommentar*, München ³2015.

Ferdinand von Raesfeld: *Das Rehwild. Naturbeschreibung, Hege und Jagd der Rehe in freier Wildbahn*, Berlin 1923.

Joachim Reddemann (Hg.): *Rehwild in der Kulturlandschaft* (Schriftenreihe des Landesjagdverbandes Bayern 7), Feldkirchen 1999.

Joachim Reddemann (Hg.): *Hege und Bejagung des Rehwildes* (Schriftenreihe des Landesjagdverbandes Bayern 20), Feldkirchen 2013.

Josef H. Reichholf: *Waldnatur. Ein bedrohter Lebensraum für Tiere und Pflanzen*, München 2022.

Friedrich Reimoser, Susanne Reimoser: *Richtiges Erkennen von Wildschäden am Wald*, Wien 2017.

Oskar von Riesenthal: *Das Waidwerk*, Berlin 1880.

Philipp Schmidt: *Das Reh. Sein Leben – sein Verhalten. Versuch einer Psychologie der ältesten Hirschart Europas in Wort und Bild*, Bern, Stuttgart ²1976.

Christoph Stubbe: *Rehwild*, Berlin 1989.

Hubert Zeiler: *Rehe im Wald*, Wien 2009.

REGISTER